# 논 생태계
# 수서무척추 동물 도감

농촌진흥청 著

21세기사

# 발 간 사

　지구 차원의 습지보전 상황을 평가하고 공동의 정책을 개발하는 국제 환경 회의 즉, 람사르협약 당사국 총회(제 10차)가 경상남도 창원에서 개최와 더불어 논 생태계의 중요성이 부각되고 있습니다.

　논 생태계는 홍수와 한발을 조절하는 기후 조절 역할, 침식방지 등 환경적으로 다양한 기능을 하고 있습니다. 논은 우리의 주식인 쌀을 제공하는 것 이외에 수서무척추동물 및 철새들이 함께 공존하는 습지 생태계로서 중요한 역할을 하고 있습니다.

　생물의 다양성은 국가 간의 자원경쟁과 맞물려 국가의 주권으로 인식되고 있으며, 이에 따라 세계 각 국은 생물다양성 유지를 위한 많은 전략들을 구상하고 있습니다. 농업생태계에도 작물 외에 다양한 서식생물이 그 보금자리를 차지하고, 그 중 논과 하천의 수환경에서 서식하는 수서무척추동물은 논 생태계를 유지하는데 매우 중요한 지위를 차지하고 있습니다.

　우리나라 국민들은 높아진 소득수준으로 인해 농산물의 질적 향상에 대한 요구가 증대되고 있습니다. 특히, 환경보전에 대한 국민의 관심과 건전한 농산물을 생산하는 장으로서의 농업생태계의 중요성이 날로 높아지고 있습니다.

　이런 요구에 부응하기 위하여, 그 동안 우리청은 지난 10년간에 걸친 연구를 통하여 논에 서식하는 수서무척추동물 225종류를 정리하여 2006년도에 도감으로 발간하였으며, 금년에 미진한 부분을 보완하여 증보판을 발간하게 되었습니다.

　이 도감을 활용하여 농업생태계의 생물다양성과 건전성을 보전하여 농촌에 새로운 성장 동력을 창출하는 데에 많은 도움이 될 것을 기대합니다.

농촌진흥청장 이 수 화

# 축하의 글

국제적으로 기후변화 이슈와 더불어 생물다양성에 대한 관심이 증대되면서, 농업무문에서도 생물다양성과 생태계 보전은 중요한 이슈로 대두되고 있습니다. 특히'환경올림픽' 이라고 하는 람사르 협약 제10차 당사국 총회가 금년 10월 한국에서 개최되는 것을 계기로 논이 생물서식지로서의 가치가 새롭게 조명되고 있습니다.

그 동안 국립농업과학원(구 농업과학기술원)에서 10여년에 걸쳐 논에 서식하는 생물에 대한 조사를 진행해왔고, 그 결과를 모아 2006년 우리나라 최초로 『논 생태계 수서무척추동물 도감』을 발간하였습니다.

처음 발간 당시 제작된 200부는 꾸준한 성원에 힘입어 2년 지난 지금 이미 품절이 된 상태입니다. 특히 금번 제10차 람사르 총회에 즈음하여 습지의 한 형태로서 인정받고 있는 논이 생물다양성의 보고(寶庫)임을 다시 한 번 알릴 수 있는 계기가 될 것으로 보고 새판을 출간하게 되었습니다.

따라서 초판 발행이후 연구조사를 계속 진행하면서 새로이 밝혀진 내용을 바탕으로 수정·보완하는 작업을 걸쳐 증보판이 발행하게 된 것은 그간 우리의 노력을 널리 알릴 수 있는 기회가 될 것입니다. 짧은 기간임에도 불구하고 증보판이 나올 수 있도록 불철주야 수고하신 기후변화생태과 농업생태연구실 연구원 모두에게 진심으로 감사드리며, 이 책으로 인하여 많은 국민이 우리 농업에 관심과 사랑을 보여주시기를 기대합니다.

국립농업과학원장 조 은 기

# 목     차

# I 논 생태계 서식지 유형 및 계절변화

# 서식지 유형

생물서식지(habitat)는 생물의 먹이섭취, 휴식, 산란, 우화, 피난 등의 생활사에 이용되는 형태적으로 일정한 통합된 규모의 장소로 정의한다. 논은 광의의 범위에서 습지의 한 형태로 습지내 풍부한 플랑크톤이나 유기성 분해물질은 수서곤충이나 어패류의 먹이를 제공하고 수서곤충이나 어패류는 조류, 양서류, 소형 포유동물의 먹이가 되어 거대한 먹이사슬을 제공할 수 있는 서식환경이다. 또한 논은 산과 하천의 연결하는 생태통로(eco-corridor)의 역할과 생물의 상호작용 등의 생태계의 건전성을 유지하기 위한 다양한 구조로 되어 있다. 다음 사진들은(12~16페이지) 수서무척추동물들이 서식하는 논의 다양한 서식지유형들을 보여주고 있다.

# 서식지 계절변화

수서 무척추동물이라고 하는 것은 생활사의 전부 또는 일부를 수중에서 생활하는 무척추동물을 총칭하는 것으로써, 여기에서는 경작하고 있는 논 및 휴경논 주변에서 채집된 종만을 다루고 있다. 이러한 수서생물은 생활의 전 단계를 물속에서 생활하는 것도 있지만, 대부분 알, 유충, 번데기 및 성충의 어느 한 시기에만 물속에서 생활한다. 일반적으로 알이나 유충상태로 월동을 하고, 봄과 여름에 걸쳐서 성충으로 우화한다. 논은 우리나라 전국에 분포하고 있으며, 이러한 논 생태계는 하천 이외에 이러한 수서 무척추동물의 중요한 서식지를 제공해 주고 있다. 논 생태계는 크게 경작을 하고 있는 논과 휴경논으로 나누어 볼 수 있다. 경작하는 논의 경우는 계절에 따라 물대기, 써레질, 이앙기, 김매기, 수확, 논갈이 등의 인위적 활동이 가해지고 있으며, 이러한 인위적 활동은 서식하는 수서생물의 활동에 영향을 미치게 된다. 다음 사진들은(17~21페이지) 이러한 논의 경작에 따른 논 생태게의 환경 변화와 담수 휴경논의 모습을 보여주고 있다.

# | 서식지 유형

**논(상:곡간지, 하:평야지)**

논은 3~4월경에 물대기를 시작하여 담수상태를 유지하게 된다. 담수된 논은 수서무척추동물의 서식처가 되며 산란이나 먹이섭취 장소로 이용된다. 논의 형태는 넓은 평지에 형성되어 저수지나 하천에서 물대기를 하는 경우와 산지의 계곡수나 저수지에서 물대기를 하는 사면 곡간지에 형성된 논이 있다.

**물웅덩이(상:평야지, 하:곡간지)**

물웅덩이는 논 주변에 형성된 소규모 웅덩이로 둠벙이라고도 한다. 물웅덩이는 논이 갈수기가 되었을 때 논에서 활동하는 수서무척추동물의 서식지로서의 역할을 한다. 평야지의 논 사이에 형성된 물웅덩이는 주로 계곡수나 용천수에 의해 지속되고, 곡간지의 웅덩이는 산지 하단의 용천수나 계곡수의 유입으로 형성된다.

**관개 수로(상:하천, 하:농수로)**

관계용 수로는 논의 물대기와 물 빼기에 번갈아 가며 이용되는 곳이다. 따라서 논에 서식하는 수서무척추동물의 이동이 자유롭게 이루어진다. 관개용 수로중 하천과 농수로는 지속적으로 수량이 유지되면서 논이 갈수기때 수서무척추동물의 서식지의 역할을 한다.

**관개 수로(상:곡간지, 온수로)**

곡간지의 관개용 **수로는** 산지 계곡의 유입수가 흐르기 때문에 수온이 낮고 비교적 인위적 인 오염이 적다. 온수로는 산지 사면 하단과 논과 만나는 곳에 많이 생성되고 주로 땅 속에 서 물이 용출되는 곳에 있다. 온수로도 수온이 차고 인위적인 오염이 적기 때문에 수서무척 추동물의 피난처와 산란처의 역할을 한다.

**담수 휴경논(상:평야지, 하:곡간지)**

담수 휴경논의 연중 물이 고여 있는 상태로 인근의 하천이나 농수로에서 물이 유입되어 습지상태가 지속된다. 따라서 평야지나 곡간지의 담수 휴경지논은 인근 논에서 갈수기나 해충방제 시기에 이동한 수서무척추동물의 피난처와 산란처의 역할을 한다.

# | 서식지 계절 변화

**봄철(상:물대기, 하좌:써레질 후, 하우:이앙직후)**

봄철에 경작을 위하여 논에 물대기를 시작하며, 모내기를 위하여 써레질을 한다. 이때 동면
에서 깨어난 곤충들이 물대기와 함께 이입된다. 이들 곤충들은 이입 후에 논 안에서 짝짓기
하며, 이앙직후에는 이들 곤충들이 산란을 하기 시작한다(북방물땡땡이, 왕물맴이 등).

**여름철(상: 벼 생육기, 하: 벼 출수기)**

논에 서식하는 수서곤충들이 성장하는 시기이며, 유충으로 성장하던 종들은 성충으로 우화한다(잠자리류 등).

**가을철(상:벼 수확기, 하:수확 후)**

잠자리류와 같이 여름에 우화한 곤충들이 성숙 성충이 되어 짝짓기 및 산란을 하는 시기이다. 월동하는 종들은 기온이 점점 내려감에 따라 동면을 준비한다.

**겨울철(상: 벼 수확후 담수, 하: 눈 쌓인 논에 쇠기러기)**

월동을 하는 종들은 알(좀청실잠자리 등), 유충(집파리과, 큰등줄실잠자리 등) 및 성충(가는실잠자리, 묵은실잠자리, 소금쟁이 등)으로 풀숲, 바위 밑이나 토양 속에서 동면을 하게 된다.

**담수 휴경논(상좌: 봄, 상우: 여름, 하좌: 가을, 하우: 가을)**

수서무척추동물의 서식지로써 중요한 위치를 차지하고 있는 곳이 휴경논(특히, 담수 휴경 논)이다. 이러한 담수 휴경논에는 년중 물이 존재하므로 습지화 되어 있다. 경작하고 있는 논과는 달리 인위적인 교란이 적고, 단일작물이 아니라 고마리, 부들, 사초과, 벼과등의 다 양한 식생이 형성되어 있기 때문에 수서곤충의 계절적 변화 및 서식지 특이성을 파악하기 에 중요한 장소가 된다.

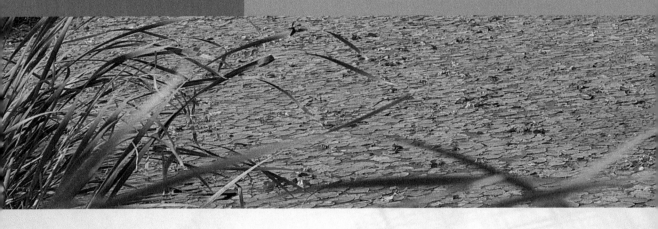

# II 수서무척추동물

# 1. 풍년새우 *Branchinella Kugenumaensis* (Ishicawa)

절지동물문〉갑각강〉무갑목〉풍년새우과
ARTHROPODA〉Crustacea〉Anostraca〉Thmnocephalidae

### ◉ 특징
체장은 15~20mm, 체형은 가늘고 길며 원통형이다. 머리부위와 20마디의 몸통부 및 2개의 납작한 채찍이 있는 꼬리부위로 이루어져 있다. 갑각은 없으며 한쌍의 자루가 달린 눈이 있다. 수컷의 큰촉각은 2개이며 기부에 서로 유합되어 있다. 큰 촉각에는 4~6개의 길다란 돌기가 몸 안쪽을 향해 뻗어 있다. 앞부속지는 1개의 주 가지 위에 각각 3개씩의 곁가지가 양쪽으로 뻗어있고, 중앙의 곁가지가 가장 작다. 암컷의 큰촉각은 끝이 뾰족한 나뭇잎 모양이고, 작은 촉각은 원통형이다. 그 끝에 2종류의 감각털들이 있다. 몸통은 원통형이며 11쌍의 부속지가 있는데, 부속지들의 모양은 나뭇잎 모양으로 넓적하며 서로 비슷한 모양을 하고 있다. 또한 수컷의 생식기는 아래쪽이 함몰되어 있으며 안쪽으로 접을 수 있다.

### ◉ 생태
벼 이양 시기에 유생(풍년새우 유충)이 출현한다. 녹조류를 주로 먹으며 몸은 농녹색을 띠고 있다. 풍년새우는 등을 바닥으로 향하고 헤엄을 치는 특징이 있다. 화학비료가 없고, 퇴비만 가지고 농사를 짓던 시절에는 풍년새우가 많이 발생하면 농사가 풍년이 든다고 생각했다. 왜냐하면 풍년새우가 많이 발생한다는 것은 그 만큼 유기물 또는 영양분이 풍부하다는 뜻이기 때문이다.

### ◉ 분포
한국, 중국, 일본, 인도, 태국

사진 1-1. 풍년새우(군생으로 배영)

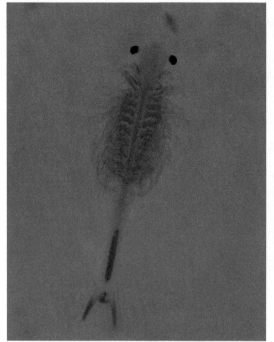
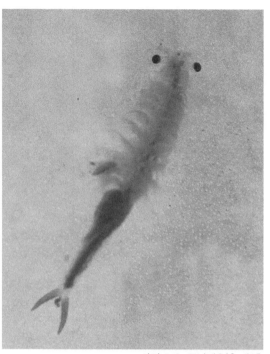

사진 1-2. 풍년새우(♂,배영)

사진 1-3. 풍년새우(♀,배영)

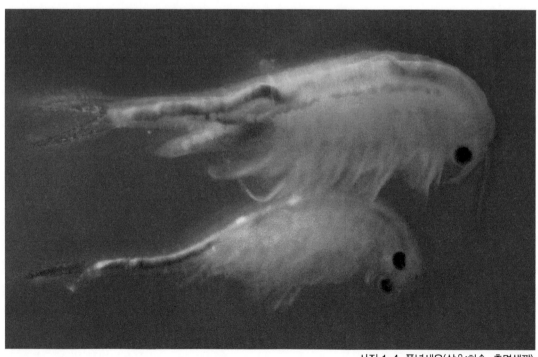

사진 1-4. 풍년새우(상♀:하♂, 측면색깔)

## 2. 긴꼬리투구새우 *Triops longicaudatus* (Le conte)

절지동물문〉갑각강〉등갑목〉투구새우과
ARTHROPODA〉Crustacea〉Notostraca〉Triopidae

### ◉ 특징
올챙이와 비슷하게 생겼으며 체장은 20~35mm이고
체형은 가늘고 긴 원통형으로 뒤쪽으로 갈수록 가늘
어진다. 등에는 갑각(투구)이 있으며, 움직이지 않는
복안, 흉부와 복부가 정확하게 구분되지 않는 점, 복
부에 부속지가 있다는 것 등이 일반 새우와 구별되는
특징이다. 체절은 40개 이상으로 되어 있고 복부의 끝
에는 1쌍의 갈라진 꼬리가 있다. 이 꼬리는 다수의 마
디로 구성되어 있다.

### ◉ 생태
배수가 좋은 양지 바른 곡간 논이나 수서환경이 좋은
논에서 5월 하순 모내기 시기부터 7월 중순 이앙 직후
까지 많이 발생한다. 부화 후 10일 정도 지나면 산란
을 시작하며 산란을 시작한 뒤에도 몇 차례 탈피를 거
듭하며 성장한다. 섭식활동은 앞가슴 부속지를 이용
하여 물의 흐름이 입으로 향하게 하고 물속에 섞여오
는 먹이를 잡아먹는다. 주로 실지렁이, 물벼룩, 모기
유충 등 미소동물과 식물의 어린 싹 등 각종 유기물을
먹는 잡식성이다. 수온이 높아지면 물 표면에 부상하
여 배영하는 모습을 볼 수 있다.

### ◉ 분포
한국, 북미, 일본

※ 멸종위기 야생 동·식물 Ⅱ급

사진 2-1. 긴꼬리투구새우(상:유생, 하:성체)

# 3. 아시아투구새우 *Triops granarius* (Lucas)

절지동물문〉갑각강〉등갑목〉투구새우과
ARTHROPODA〉Crustacea〉Notostraca〉Triopidae

### ◉ 특징
체장은 25mm 전후이며 체형은 가늘고 긴 원통형으로 뒤쪽으로 갈수록 가늘다. 체절은 40개 이상으로 되어 있고, 복부 끝에는 갈라진 1쌍의 꼬리가 있다.

### ◉ 생태
유생(아시아투구새우 유충)은 초여름 이앙후에 출현하며 수십회 탈피하여 25mm 전후 크기에 성체가 되고, 긴 꼬리 투구 새우보다 크기와 폭이 훨씬 작다. 섭식활동은 배에 있는 다수의 다리를 움직여 물의 흐름이 입으로 향하게 만들고, 물에 섞여 오는 실지렁이, 물벼룩, 풍년새우 등의 미소동물 및 식물의 싹과 뿌리를 먹는 잡식성이다. 긴꼬리투구새우와 달리 자웅이체이며, 암컷은 등껍질이 수컷보다 타원형에 더 가까워 구별이 용이하다. 부화후 10일 정도부터 산란을 시작하고 1회 산란수는 10~30개이고 일생동안 약 400개의 알을 산란, 수명은 약 20일 정도이다.

### ◉ 분포
한국, 북미, 일본, 중국, 인도, 남아프리카

사진 3-1. 아시아투구새우(등면, 표본)

사진 3-2. 아시아투구새우(섭식)

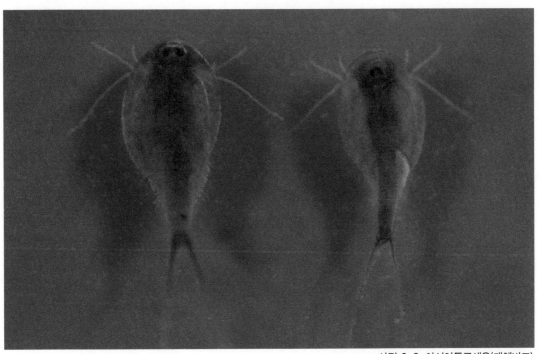

사진 3-3. 아시아투구새우(개체비교)

# 4. 민무늬조개벌레 *Lynceus dauricus* (Thiele)

절지동물문〉갑각강〉활미목〉민무늬조개벌레과
ARTHROPODA〉Crustacea〉Laevicaudate〉Lynceidae

### ◉ 특징
곡장 5~6mm이고, 머리는 곡외로 나와 있다. 몸통은 암컷이 12체절, 수컷이 10체절로 이루어져 있다. 각 체절에는 모두 부속지를 지니고 있다. 작은 촉각은 2마디로 이루어져 있으며, 끝마디에 수많은 감각털이 솟아있다. 수컷의 부리부분은 잘린 모양을 하고 있으며 그 끝면은 약간 함몰되어 있고 그 곳에 미세한 털들이 나 있다. 수컷의 머리옆돌기는 좁게 발달하여 있다. 암컷의 부리는 끝이 넓은 직사각형모양이다. 복부의 부속돌기는 부정형에 가까운 직사각형 모양이며 5쌍의 돌기가 나 있다. 후복부는 발달이 미약하며 항문에 큰 가시가 없고 단지 극히 미세한 가시만이 있을 뿐이다. 2개의 패각은 경첩구조에 의해 연결되어있다. 패각에는 패각꼭지가 없으며 성장선도 없다. 수컷의 부속지 가운데 처음 두 쌍은 집악지로 변해있다.

### ◉ 생태
수심이 얕은 논, 온수로, 물웅덩이에 서식하며 4월 중순, 최저 수온이 약 10℃ 이상되는 시기부터 출현하고 미소동물을 먹이로 한다. 활미목 패갑류의 연구는 전 세계적으로 연구가 매우 미진하여, 많은 학자들이 기존의 연구들을 새로운 시각에서 재검토하고 있다.

### ◉ 분포
한국, 일본, 러시아, 몽고

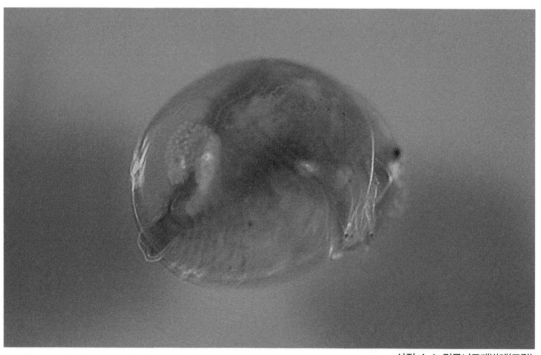

사진 4-1. 민무늬조개벌레(포란)

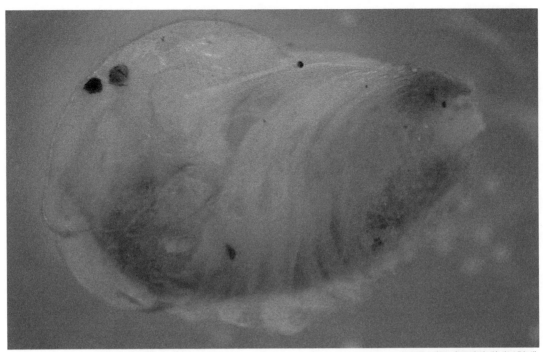

4-2. 민무늬조개벌레(내부형태)

사진 4-3. 민무늬조개벌레류

## 5. 털줄뾰족코조개벌레 *Caenestheriella gifuensis* (Ishikawa)

절지동물문〉갑각강〉극미목〉털줄뾰족코조개벌레과
ARTHROPODA〉Crustacea〉Spinicaudata〉Cyzicidae

### ◉ 특징
원추형으로 된 패각의 길이는 13mm, 곡장은 15mm이며 호박갈색을 띤다. 패각의 동심선은 15~16개로 이루어져 있다. 수컷의 제1, 2지는 강대한 침상돌기를 갖는다. 꼬리발톱 기부 1/3쯤에 약 6본의 강모가 있다.

### ◉ 생태
벼 이양시기 전후 얕은 물에 출현하며 풍년새우, 투구새우 등과 혼생한다. 먹이는 미소동물 등을 먹이로 하지만, 구체적인 자료가 거의 없으며, 많은 연구가 요구되고 있다.

### ◉ 분포
한국, 일본

사진 5-1. 털줄뾰족코조개벌레(측면)

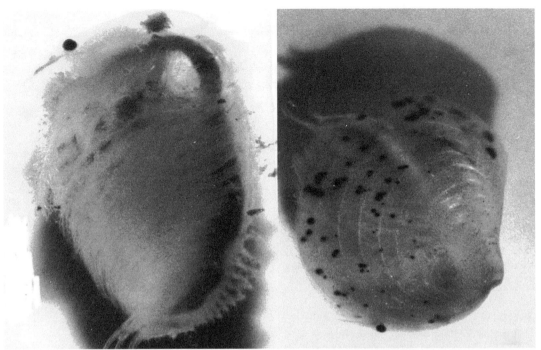

사진 5-2. 털줄뾰족코조개벌레(좌:내부형태, 우:외부형태)

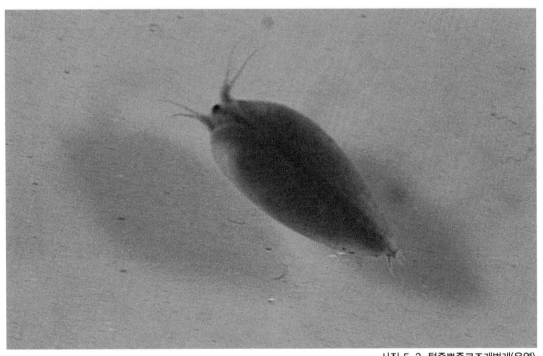

사진 5-3. 털줄뾰족코조개벌레(유영)

# 6. 참물벼룩 *Daphnia pulex* (Leydig)

절지동물문〉갑각강〉이지목〉물벼룩과
ARTHROPODA〉Crustacea〉Anomopoda〉Daphniidae

### ◉ 특징
체장은 대부분 1.2~2.5mm이나 큰 것은 3mm를 넘
는 것도 있다. 체형은 난형이며, 2장으로 이루어진 갑
각은 넓은 알모양인데, 윗면은 서로 붙고 아랫면은 열
려 있다. 아랫면 가장자리 뒤쪽에 가시가 있다. 머리
는 넓은 반원형이며, 꼬리의 윗면 가장자리에 12~18
개의 작은 가시가 있다. 꼬리발톱에는 1줄의 가시가
빗모양으로 늘어서는데, 위쪽 4~8개는 작고 아래쪽
5~6개는 크다.

### ◉ 생태
봄과 여름에 유생(참물벼룩 유충)이 출현하는데, 봄에
는 겨울알에서 깨어나고, 여름에는 여름알에서 깨어
난다. 성체 암컷은 수온이 낮아지면 2개의 큰 알을 낳
고 이 가운데 1개가 발생하여 수컷이 된 뒤 양성생식

을 한다. 수정란은 두껍고 질긴 난막으로 싸이고 모체
가 탈피한 껍데기에 덮여 지내는데, 이 알을 겨울알이
라고 한다. 겨울알은 이듬해 봄에 깨어나 단위생식을
하는 암컷이 된다. 여름알은 수온이 높은 여름에 성체
암컷이 낳은 알로써 수정을 거치지 않고 가슴 윗면과
갑각 사이에서 발생한 뒤 유생이 되어 물 속으로 헤엄
쳐 나온다. 이렇게 암컷은 수컷 없이 단위생식을 하는
데, 이런 알을 여름알이라 한다. 섭식활동은 가슴에
있는 4~6쌍의 잎모양 다리로 물의 흐름을 일으켜 움
직이는 먹이를 잡아먹는다.

### ◉ 분포
한국, 일본을 포함한 대부분 국가

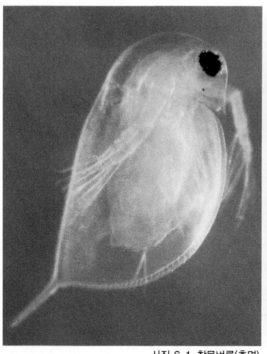

사진 6-1. 참물벼룩(측면)

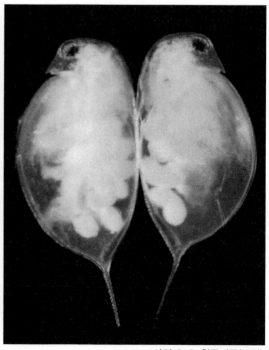

사진 6-2. 참물벼룩(포란)

## 7. 큰물벼룩 *Daphnia magna* (straus)

절지동물문〉갑각강〉이지목〉물벼룩과
ARTHROPODA〉Crustacea〉Anomopoda〉Daphniidae

◉ **특징**

체장은 3.0~3.2mm이며 담갈색을 띤다. 소촉각이 짧아서 희미하게 보이고 머리깃(crest)이 옆으로 돌출되어있다. 후복부의 등쪽에 오목한 홈이 있고 오목한 부위에 항문가시가 없다. 복부 돌기는 3~4개인데, 이 중에서 맨 앞쪽은 길고 털이없다. 발톱은 2가지 빗모양을 이루는 가시들이 있는데 발톱의 기부에 있는 것들은 작고 말단부 쪽에 있는 것들은 크다. 복안은 크고, 단안은 작고 선명하다. 등쪽에 내구란을 가지며 껍질은 뚜렷한 등줄을 가지고 있다.

◉ **생태**

논, 온수로, 물웅덩이에 서식하고, 미생물 및 미세조류를 먹이로 한다. 온도나 수질의 부영양화 등에 자극을 받으면 투명한 채색이 붉게 변하거나 녹조를 먹으면 농녹색으로 변한다. 4~5월경에 다량 증식하고 이양직후 다량 출현한다.

◉ **분포**

한국, 일본, 북미, 중국

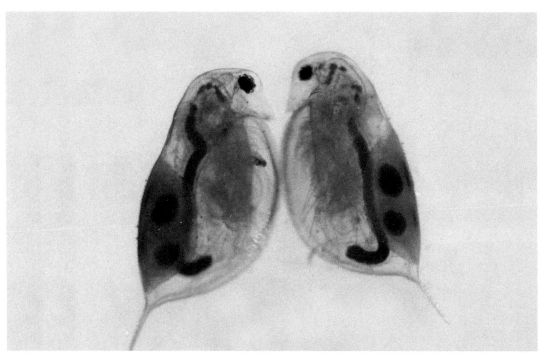

사진 7-1. 큰물벼룩(휴면난 포란)

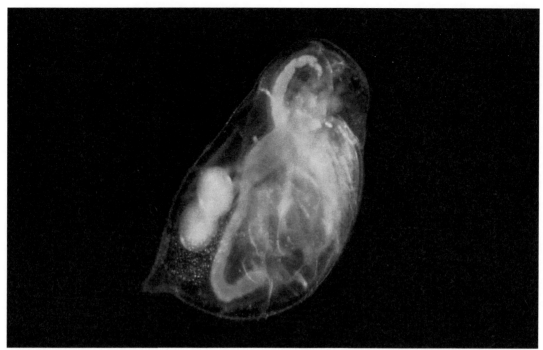

사진 7-2. 큰물벼룩(측면)

사진 7-3. 큰물벼룩(여러 개체들의 형태)

## 8. 모이나물벼룩 *Moina macrocopa* (Straus)

절지동물문〉갑각강〉이지목〉모이나물벼룩과
ARTHROPODA〉Crustacea〉Anomopoda〉Moinidae

◉ 특징
체장은 1~1.3mm 이고, 껍질은 둥근형이며, 입이 없다. 두부는 짧고 머리윗홈이 없다. 머리에 긴 파이프 모양의 제 1촉각이 있으며 중간에 1개의 각모가 있다. 후복부는 한 개의 깍지낀 가시와 7~10개의 가는 털이 나있는 나뭇잎 모양의 가시를 갖고 있다. 꼬리 발톱은 작은 가시열이 있다. 암컷은 제 1흉지의 끝마다 앞면에 톱날 모양의 강모가 있다. 동란은 2개이다.

◉ 생태
논, 온수로, 물웅덩이 등에 서식하고, 미생물 및 미세조류를 먹이로 한다. 온도나 수질의 부영양화 등에 자극을 받으면 투명한 채색이 붉게 변하거나 녹조를 먹으면 농녹색으로 변한다. 논에 4~5월경에 다량으로 증식하고 이앙직후에 다량으로 출현한다.

◉ 분포
한국

사진 8-1. 모이나물벼룩(포란)

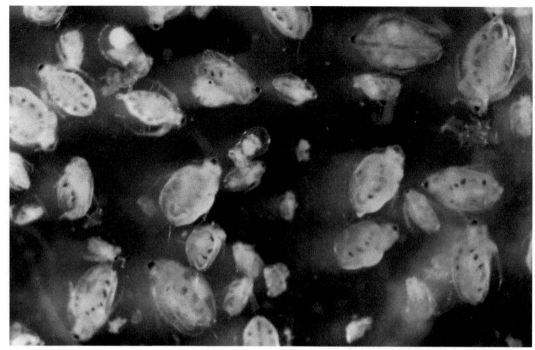

사진 8-2. 모이나물벼룩(여러 개체들의 형태)

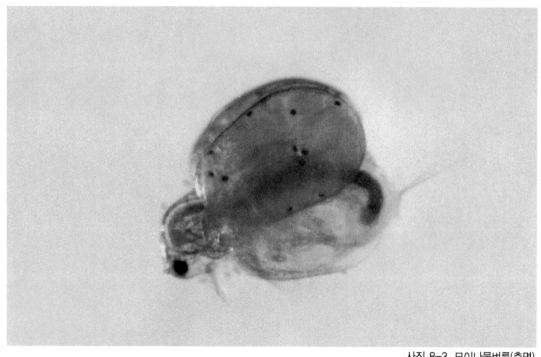

사진 8-3. 모이나물벼룩(측면)

## 9. 곱사등물벼룩 *Scapholeberis mucronata* (O. F. Muller)

절지동물문〉갑각강〉이지목〉물벼룩과
ARTHROPODA〉Crustacea〉Anomopoda〉Daphniidae

### ◉ 특징
체장은 0.51~0.78mm로 작으며 직사각형 모양을 하고 있다. 체색은 진한 갈색을 띠며, 특히 제 1촉각의 기부 주변과 갑각의 전녹(前緣) 및 앞부분의 색이 짙다. 갑각의 무늬는 다각형이나 뚜렷하지는 않다. 머리는 체장의 1/3을 차지하는 정도로 큰 편이다. 목홈은 뚜렷하며 각호는 잘 발달해 있다. 복안은 몹시 크며 두정부 가까이에 위치한다. 이마뿔은 짧으며 둔하다. 후복부는 짧고 넓으며 말단부는 둥글다. 5~7개의 항문가시를 갖는데 그 크기는 발톱쪽으로부터 꼬리강모쪽으로 갈수록 점점 작아진다. 발톱은 약간 만곡되어 있고 발톱가시는 없으나 발톱의 기부와 만곡된 안쪽면에는 미세한 털들이 나 있다.

### ◉ 생태
논, 온수로, 물웅덩이, 연못 등 다양한 수역에 서식하며 주로 수표면에서 채집되는 부유종이다. 제2촉각과 배언저리의 털로 등을 바닥으로 향하여 배영하는 특징이 있다.

### ◉ 분포
한국, 일본, 중국, 유럽, 북미

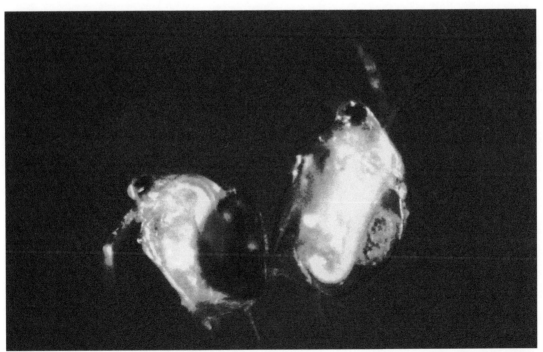

사진 9-1. 곱사등물벼룩(좌:측면,우:배면)

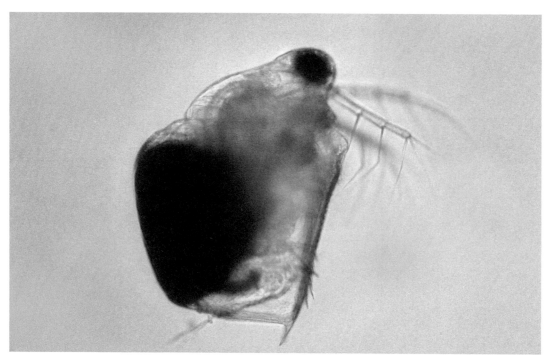

사진 9-2. 곱사등물벼룩(측면의 표본색깔)

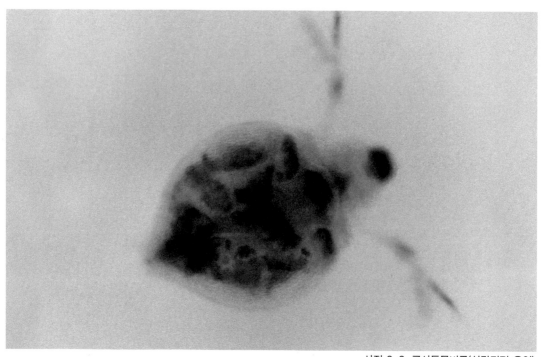

사진 9-3. 곱사등물벼룩(산란직전 유영)

## 10. 가시시모물벼룩 *Simocephalus exspinosus* (koch)

절지동물문〉갑각강〉이지목〉물벼룩과
ARTHROPODA〉Crustacea〉Anomopoda〉Daphniidae

### ◉ 특징
체장은 2~3mm로 대형종이고 체형은 계란형이다. 갑각은 옅은 황색을 띠며 투명하고 후배각은 둔하나 뚜렷이 돌출하여 있다. 갑각의 복연(腹緣) 후반부에서 배연(背緣) 후반부까지 가장자리에 작은 가시들이 배열해 있다. 머리는 비교적 큰 편이며 이마 부위는 둥글다. 복안은 큰 편이나 단안은 작아서 대부분 점 모양으로 나타난다. 목홈이 뚜렷하다. 각호는 발달하였다. 이마뿔은 삼각형 모양으로 뾰족하며 크기가 작다. 제1촉각 및 제2촉각의 형태는 Simocephalus 속의 다른 종들의 것과 동일하다. 비교적 큰 2개의 배돌기가 있으며 배돌기 위에는 털이 나 있지 않다. 후복부는 넓은 편이며 등쪽 방향의 후반부는 만곡되어 S자형을 그린다. 후복부의 후배각의 돌출 정도는 비교적 약한 편이다. 항문 앞이 현저히 돌출된 융기부가 있고 12개 이상의 작은가시가 있다. 발톱은 길고 크다. 발톱의 기부에는 약 12개 정도의 빗 모양의 가시가 나 있으며 그 뒤로는 미세한 털들이 배열되어 있다.

### ◉ 생태
논, 온수로, 물웅덩이, 연못, 또는 물이 적은 호수 연안에 서식한다. 그러나 이들에 대한 생태적인 연구 자료는 거의 없는 실정이다.

### ◉ 분포
한국, 일본, 중국 등을 포함한 대부분 국가

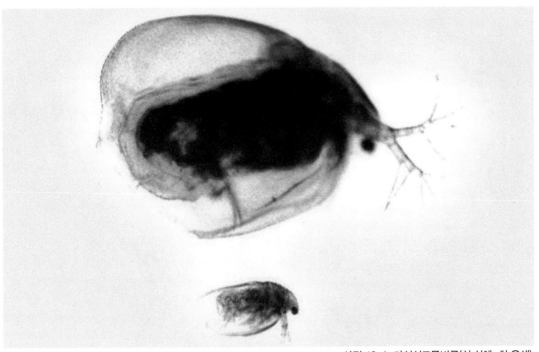

사진 10-1. 가시시모물벼룩(상:성체, 하:유생)

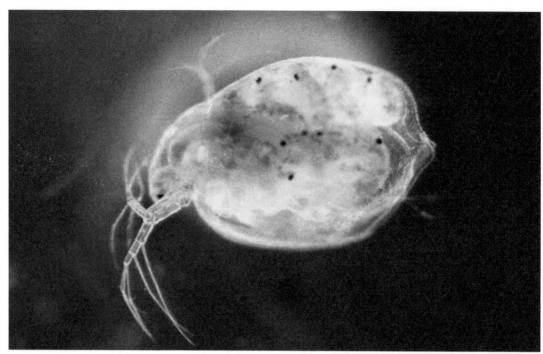

사진 10-2. 가시시모물벼룩(산란직전 포란형태)

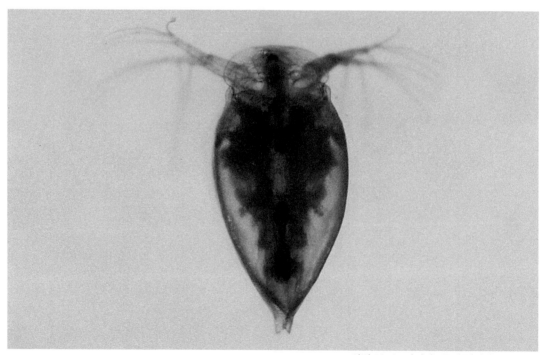

사진 10-3. 가시시모물벼룩(배면으로 유영)

## 11. 긴배물벼룩 *Camptocercus rectirotris* (Schoedler)

절지동물문〉갑각강〉이지목〉씨물벼룩과
ARTHROPODA〉Crustacea〉Anomopoda〉Chydoridae

### ◉ 특징
체장은 0.50~0.78mm이며 체형은 직사각형에 가까운 계란형으로 좌우로 아주 납작하다. 갑각은 황갈색을 띠고 앞부분이 뒷부분에 비해 훨씬 넓다. 갑각의 배연은 부푼 모양이고, 복연(腹緣)은 거의 직선을 이루나 앞부분은 약간 돌출하였고 중간부분은 약간 함몰되어 있다. 후연(後緣)은 비교적 낮으며 약간 밖으로 돌출하여 있다. 머리는 비교적 작으며 이마뿔은 기부가 넓고 말단부가 뾰족하다. 복안은 비교적 작으며 단안이 발달하였다. 후복부는 매우 길며 말단부쪽으로 가면서 아주 가늘어진다. 항문부위의 함몰은 심하며 앞뒤의 돌출이 뚜렷하다. 15-17개의 항문가시를 가지는데 항문가시는 하나의 큰 가시와 1-2개의 작은 가시가 조합되어 있다. 후복부의 양 옆면에는 15개 정도의 강모군이 배열한다. 발톱은 가늘고 긴데 기부쪽에 하나의 큰 발톱가시가 나 있으며 중간 부위에는 이보다 크기가 작은 가시들이 일렬로 배열해 있다.

### ◉ 생태
논, 물웅덩이, 호수 등에 서식한다. 그러나 이들에 대한 생태적인 자료는 거의 없는 실정이다.

### ◉ 분포
한국, 중국, 일본 등을 포함한 대부분 국가

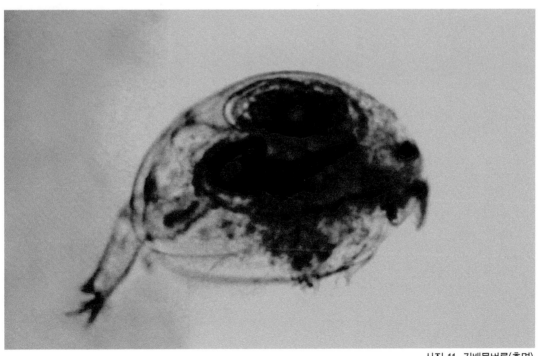

사진 11. 긴배물벼룩(측면)

## 12. 오목배큰씨물벼룩 *Alona guttata* (Sars)

절지동물문〉갑각강〉이지목〉씨물벼룩과
ARTHROPODA〉Crustacea〉Anomopoda〉Chydoridae

### ◉ 특징
체장은 0.47~0.62mm로 작은종에 속한다. 체형은
직사각형에 가깝고 좌우가 평평하다. 갑각은 옅은 황
색을 띠며 투명하다. 배연(背緣)은 부푼 모양이며, 복
연(復緣)은 거의 직선을 이룬다. 복연(復緣)의 앞부분
에 강모가 조밀하게 배열해 있다. 후배각은 거의 돌출
하지 않았으며 후복각은 둥글다. 갑각에는 평평한 줄
무늬가 뚜렷히 나타난다. 머리는 작은 편이며 이마뿔
은 짧고 둔하다. 항문은 미부배면(尾部背面)의 중앙보
다 전방에 열려있다.

### ◉ 생태
논내 웅덩이 등에 광범위하게 서식하며, 출현환경은
Daphnia속, Moina속과 비슷하다.

### ◉ 분포
한국, 일본, 중국

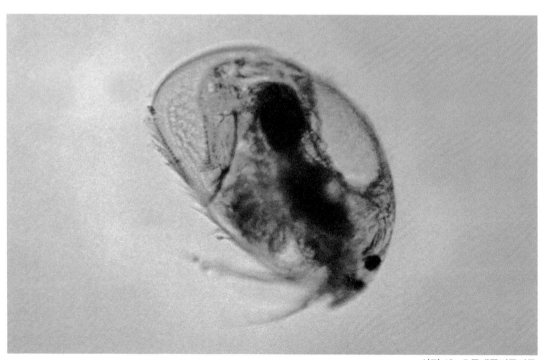

사진 12. 오목배큰씨물벼룩

## 13. 긴날개씨벌레 *Ilyocypris angulata* (Sars)

절지동물문〉갑각강〉절병목〉일리오싸이프리스과
ARTHROPODA〉Crustacea〉Ostracoda〉Ilyocyprididae

◉ **특징**
체장은 0.8~0.9mm이다. 갑각의 습곡은 크고 표면에
원형 돌출물이 있다. 갑각의 앞뒤에 여러개의 크고 작
은 가시가 있다.

◉ **생태**
논과 얕은 웅덩이에 서식하며, 봄부터 늦가을까지 출
현한다.

◉ **분포**
한국, 일본, 중국

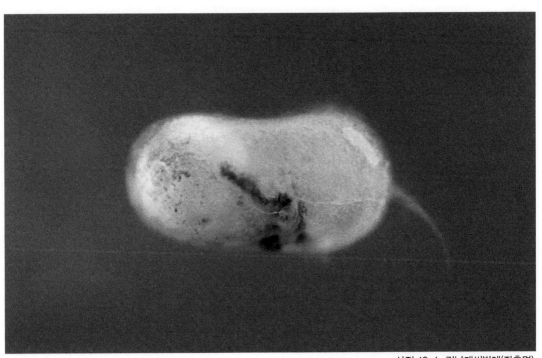

사진 13-1. 긴날개씨벌레(좌측면)

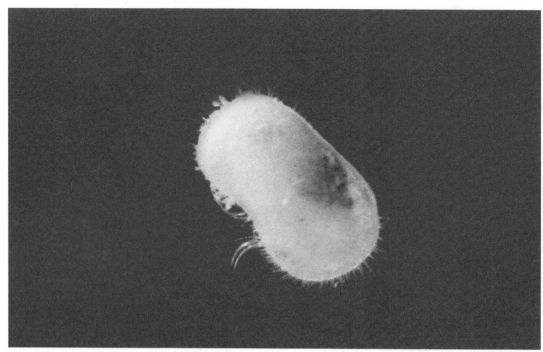

13-2. 긴날개씨벌레(우측면)

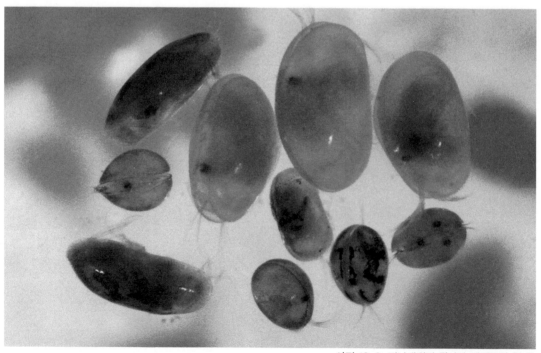

사진 13-3. 긴날개씨벌레(여러 개체들의 형태)

## 14. 국내 미기록종 *Cyprinotus kimberleyensis* (Mckenzie)

│ 절지동물문〉갑각강〉절병목〉참씨벌레과
│ ARTHROPODA〉Crustacea〉Podocopida〉Cyprididae

◉ **특징**
체장은 1.1mm정도이다. 갑각에 혹같은 큰 돌기가 있
으며, 표면에 일정한 간격으로 소혈이 있다.

◉ **생태**
주로 간척지 논과 같이 염분이 있는 기수역에 서식하
지만, 일반 논에서도 관찰된다.

◉ **분포**
한국, 일본

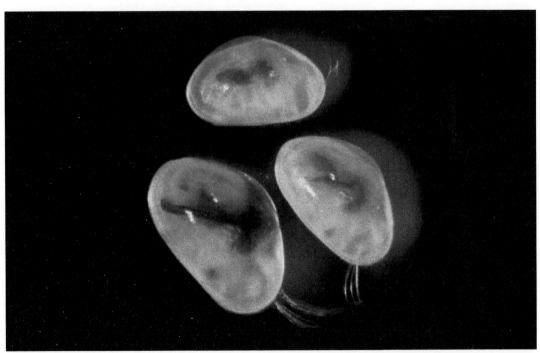

사진 14-1. *Cyprinotus kimberleyensis* (좌:♀의 포란, 상과우:♂의 측면)

사진 14-2. *Cyprinotus kimberleyensis* (여러개체들의 형태)

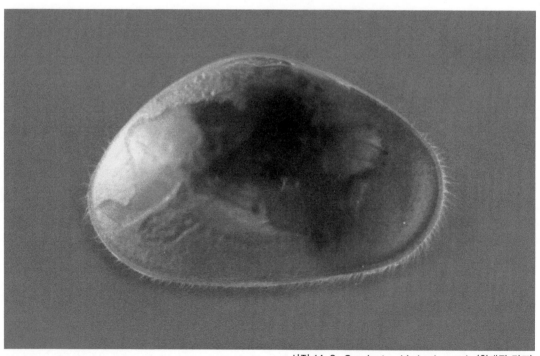

사진 14-3. *Cyprinotus kimberleyensis* (확대된 강모)

## 15. 국내 미기록종 *Stenocypris hislopi* (Ferguson)

절지동물문〉갑각강〉절병목〉참씨벌레과
ARTHROPODA〉Crustacea〉Podocopida〉Cyprididae

◉ 특징
체장은 1.6~1.7mm이다. 체형은 발자국 모양과 비슷하다. 갑각의 색은 옅은 다갈색을 띠면서 검은 점무늬가 있다. 양곡편에 앞록상부의 격벽은 크고, 격벽열은 폭이 넓다.

◉ 생태
서식지는 일반논, 소저수지 및 물웅덩이이다.

◉ 분포
한국, 일본

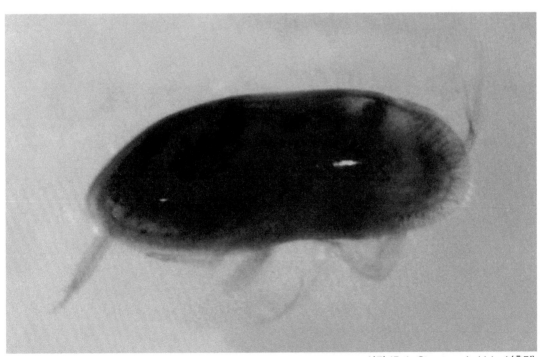

사진 15-1. *Stenocypris hislopi* (측면)

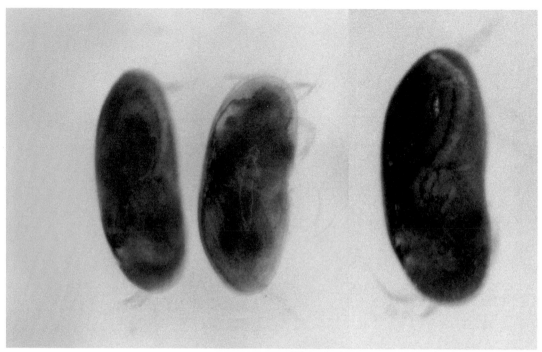

사진 15-2. *Stenocypris hislopi* (무늬가 다른 개체 비교)

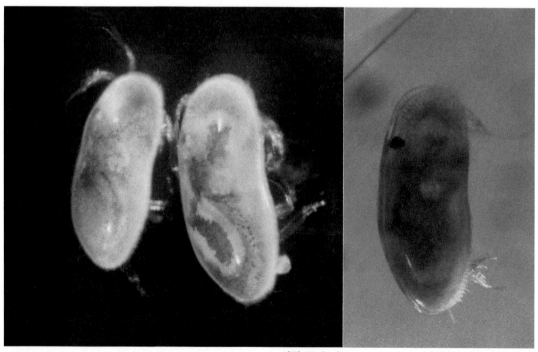

사진 15-3. *Stenocypris hislopi* (색깔이 다른 개체 비교)

## 16. 국내 미기록종 *Strandesia tuberculata* (Hartmann)

절지동물문>갑각강>절병목>참씨벌레과
ARTHROPODA>Crustacea>Podocopida>Cyprididae

◉ 특징
체장은 0.7mm정도이다. 갑각의 좌우앞뒤에 1개씩 4개의 사마귀같은 돌기가 있다. 색은 옅은 노랑색을 띠면서 검은 무늬들이 있으며 S. decorata종과 비슷하다.

◉ 생태
일반논에서 채집하였다.

◉ 분포
한국, 일본

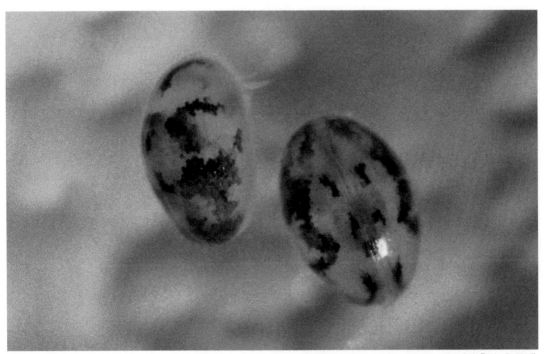

사진 16-1. *Strandesia tuberculata* (좌:측면, 우:등면)

## 17. 땅딸보투명씨물벼룩 *Dolerocypris fasciata var. nipponensis* (Okubo)

절지동물문〉갑각강〉절병목〉참씨벌레과
ARTHROPODA〉Crustacea〉Podocopida〉Cyprididae

◉ **특징**
체장은 1.5mm정도이다. 갑각의 좌곡 앞뒤 부분에 내귀가 발달하였다. 이 부분에 1본의 선을 확실하게 볼 수 있는 것이 D. sinensis종과 구별된다.

◉ **생태**
일반논의 점토 속에 서식한다.

◉ **분포**
한국, 일본

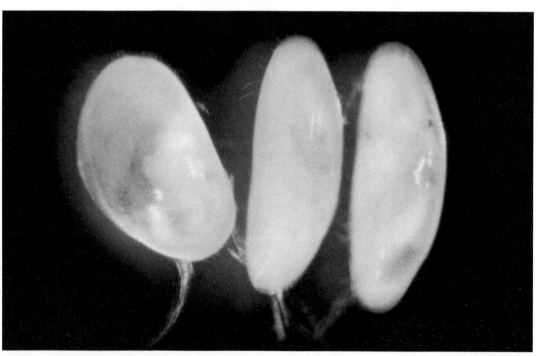

사진 17-1. 땅딸보투명씨물벼룩

# 18. 알씨벌레 *Cypretta seurati* (Gauthier)

절지동물문〉갑각강〉절병목〉가는꼬리씨벌레과
ARTHROPODA〉Crustacea〉Podocopida〉Cypridopsidae

◉ 특징
체장은 0.7mm정도이다. 갑각의 곡은 위에서 보면 뒤쪽이 조금 불룩한 광란형이며, 곡면에 일부에 미세한 혈이 산재해 있다. 갑각의 표면은 연한 황갈색, 녹색 등 개체마다 색깔과 무늬가 다양하다. 또한 무늬가 전혀 없는 개체도 있다.

◉ 생태
일반논과 얕은 물웅덩이의 점토 속에서 채집되었다.

◉ 분포
한국, 일본

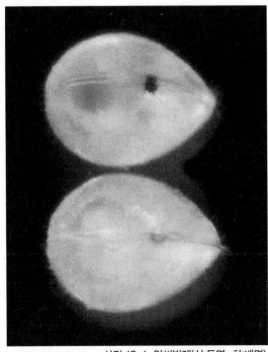

사진 18-1. 알씨벌레(상:등면, 하:배면)

사진 18-2. 알씨벌레(여러 개체들의 형태)

## 19. 태평뾰족노벌레 *Acanthodiaptomus pacificus* (Burckhardt)

절지동물문〉갑각강〉긴노요각목〉민물긴노벌레과
ARTHROPODA〉Crustacea〉Calanoida〉Diaptomidae

◉ 특징
암컷의 체장은 1.6~1.9mm이며 숫컷은 암컷보다 약
간 작다. 제 1촉각이 체장의 길이와 비슷하다.

◉ 생태
주로 산악 호수나 대형 호수에 서식하지만, 논에서도
발견된다.

◉ 분포
한국, 일본

사진 19-1. 태평뾰족노벌레

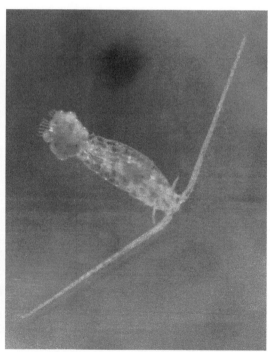
사진 19-2. 태평뾰족노벌레

## 20. 국내 미기록종 *Eodiaptomus japonicus* (Burckhardt)

절지동물문〉갑각강〉긴노요각목〉민물긴노벌레과
ARTHROPODA〉Crustacea〉Copepoda〉Diaptomidae

◉ **특징**
체장은 0.7mm정도이다. 갑각의 곡은 위에서 보면 뒤쪽이 조금 불룩한 광란형이며, 곡면에 일부에 미세한 혈이 산재해 있다. 갑각의 표면은 연한 황갈색, 녹색 등 개체마다 색깔과 무늬가 다양하다. 또한 무늬가 전혀 없는 개체도 있다.

◉ **생태**
일반적으로 호수나 댐 등의 큰 수역에 서식하지만, 일반논과 얕은 물웅덩이의 점토 속에서도 채집되었다.

◉ **분포**
한국, 일본

사진 20-1. *Cypretta seurati* (상:포란×, 하:포란○)

## 21. 톱니꼬리검물벼룩 *Eucyclops serrulatus* (Fischer)

절지동물문〉갑각강〉검물벼룩목〉검물벼룩과
ARTHROPODA〉Crustacea〉Cyclopoida〉Cyclopidae

### ◉ 특징
체장은 1.0mm정도이다. 깍지 낀 다리가 길며 폭의 3~4배이다. 언저리에 톱니를 갖고 있는 것이 특징이며, 제 5각은 1절로 되어 있고 수정주머니는 편평한 형태이다.

### ◉ 생태
일반적으로 호수의 얕은 곳에 서식하는 종이지만, 작은 저수지나 물 웅덩이에서도 서식하며, 논에서도 채집된다.

### ◉ 분포
한국, 일본을 포함한 전세계적으로 분포

사진 21-1. 톱니꼬리검물벼룩(포란)

# 22. 참검물벼룩 *Cyclops vicinus* (Jljanin)

절지동물문〉갑각강〉검물벼룩목〉검물벼룩과
ARTHROPODA〉Crustacea〉Cyclopoida〉Cyclopidae

◉ 특징

체장은 1.7mm정도이다. 깍지낀 다리는 길고 폭의
6~8배의 크기와 마지막 절이 측방으로 돌출된 것이
특징이다. 수정 주머니의 형태는 오뚝이 형이다.

◉ 생태

냉수성(冷水性)의 종으로 평지의 호수와 늪에서는 기
온이 낮은 시기에 출현한다. 얕은 물웅덩이나 논에서
도 채집된다.

◉ 분포

한국, 일본을 포함한 전세계적으로 분포

사진 22-1. 참검물벼룩(포란, 등면)

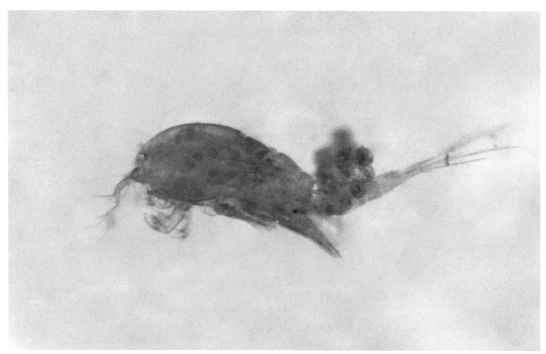

사진 22-2. 참검물벼룩(포란, 측면)

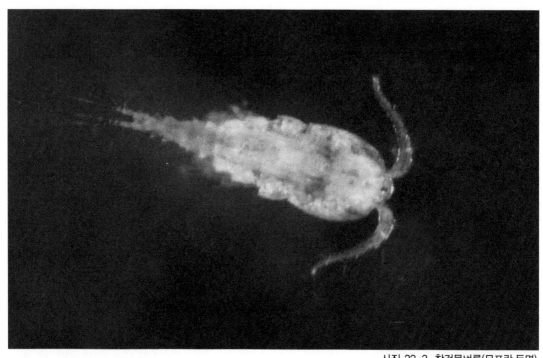

사진 22-3. 참검물벼룩(무포란,등면)

# 23. 참선충류 *Tylenchida gen sp*

선형동물문〉쌍선충강〉참선충목
NEMATODA〉Secernentea〉Tylenchida

◉ 특징
체장은 0.35~1.3mm정도이다. 참선충목에 속하는 선
충은 대부분 구강의 구침을 가지고 있다. 식도는 각질
화된 중심변을 가진 중부식도구가 있거나 없다. 좁은
식도협세부는 신경환으로 둘러 싸여 있다. 확장된 선
상의 기부는 뚜렷한 구를 이루고, 중심변이 없으며 잎
과 같다. 중부식도구에는 일반적으로 중심변이 있다.
참선충목에는 참선충과, 씨알선충과 등 9과가 보고되
어 있다.

◉ 생태
참선충목 중에서 참선충과는 조류나 균식성 또는 고
등식물 지하부의 외부기생성이다.

◉ 분포
한국, 일본

※추후 종동정 필요

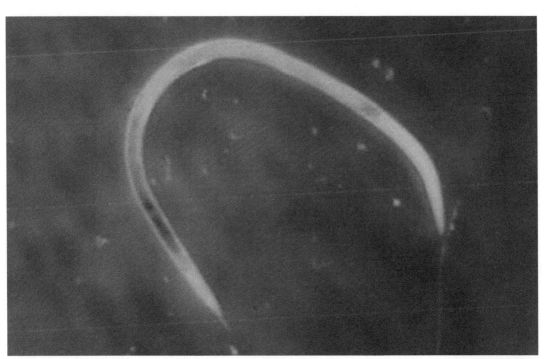

사진 23-1. 참선충류

## 24. 흑연가시류 *Chordodidae gen. sp*

유선형동물문〉연가시강〉흑연가시목〉흑연가시과
NEMATOMORPHA〉Gordioida〉Chordidea〉Chordodidae

◉ **특징**
곤충 기생성인 이 충은 유충 시기에 곤충의 장내에 흡
착기생하고, 성충이 되면 물속에서 산란한다. 이때는
크기가 커서 눈으로 볼 수 있고, 채집이 쉽다. 암수개
체가 다르며, 배설강은 총배설강으로 되어있다. 숙주
로는 사마귀나 메뚜기가 있으며 그 밖에도 딱정벌레
목, 메뚜기목, 노래기류, 갑각류, 거머리 등에서 기생
하는 것으로 알려져 있다. 조류(bird)나 배스와 같은
대형어류들이 이들을 섭식하는 것으로 알려져 있다.
성채는 논이나 하천의 물속에서 서식한다.

◉ **생태**
숙주로는 사마귀나 메뚜기가 있으며 그 밖에도 딱정
벌레목, 메뚜기목, 노래기류, 갑각류, 거머리 등에서
기생하는 것으로 알려져 있다. 조류(bird)나 배스와
같은 대형어류들이 이들을 섭식하는 것으로 알려져
있다. 성채는 논이나 하천의 물속에서 서식한다.

◉ **분포**
한국, 일본

※추후 종동정 필요

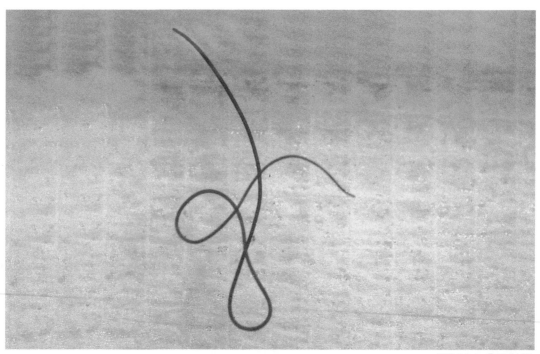

사진 24-1. 흑연가시류

## 25. 곤충살이긴선충류 *Mermithidae gen. sp*

선형동물문〉쌍기충강〉곤충살이긴선충목〉곤충살이긴선충과
NEMATOMORPHA〉Adenophorea〉Mermithida〉Mermithidae

◉ 특징
멸구의 유충시기에 기생하는 곤충기생성 선충으로서
벼멸구선충(Agamermis unka)이라고 불려진다. 또
한 메뚜기에 기생하는 것은 Agamermis grasshope
라고 부른다. 일본에서 근대 농업기술이 적용되기 이
전에는 이 선충이 멸구의 대발생을 억제한다고 보고
되어있다. 이 선충의 전파는 멸구 등 숙주와 함께 이
동한다.

◉ 생태
일본에서 근대 농업기술이 적용되기 이전에는 이 선충
이 멸구의 대발생을 억제한다고 보고되어있다. 이 선
충의 전파는 멸구 등 숙주와 함께 이동한다. 곤충 기생
성 선충은 유충기 곤충의 몸속의 장내에 흡착기생하
며, 성충이 되면 논이다 하천의 물속에서 산란한다.

◉ 분포
한국, 일본

※추후 종동정 필요

사진 25-1. 곤충살이긴선충류

## 26. 물달팽이 *Radix auricularia* (Linnaeus)

연체동물문〉복족강〉기안목〉물달팽이과
MOLLUSCA〉Gastropoda〉Basommatophora〉Lymnaeidae

◉ **특징**

각고는 23mm이고, 각경은 14mm이다. 패각은 중형의 난형이며, 각구는 각고의 4/5 이상으로 크고 체층이 크고 둥글어서 각고의 거의 전부를 차지한다. 나탑은 작으며 나층은 3~4층이고 각정은 작고 뾰족하다. 체층은 폭이 넓고 둥글며 체층 이후는 급격히 감소하여 체층이 상대적으로 비후된 모습을 보인다. 껍질은 반투명하고 얇아 잘 부스러지며, 체색은 회백색 또는 회갈색, 검은색으로 서식지에 따라 달라 보이나 육질이 제거되면 모두 회백색의 껍질을 갖는다. 촉각은 삼각형이고 촉각의 아래에 눈이 있으며, 제공은 없다.

◉ **생태**

하천과 논의 물의 유입유출이 잘되는 곳에 출현하고, 마을의 빨래터, 오수 유입지, 물의 유속이 느린 강이나 연못가 등의 수온이 높은 지역에 서식하며 오염된 곳에서도 채집되는 오염지표종이다.

◉ **분포**

한국, 중국, 일본

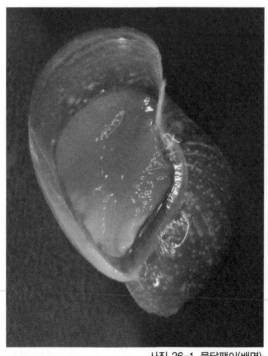

사진 26-1. 물달팽이(배면)

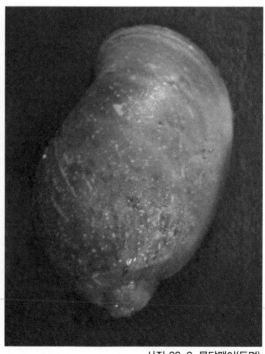

사진 26-2. 물달팽이(등면)

## 27. 애기물달팽이 *Austropeplea ollula* (Gould)

연체동물문〉복족강〉기안목〉물달팽이과
MOLLUSCA〉Gastropoda〉Basommatophora〉Lymnaeidae

◉ **특징**
각고는 9㎜이고, 각경은 5.5㎜이다. 패각은 중소형의
긴 난형이고, 나층이 4층으로 높고 각정이 뾰족하다.
체층은 커서 각고의 3/4정도이고 체층과 차체층의 폭
이 점진적으로 감소하여 체층의 둘레의 가장자리는
완만하게 부풀어 있다. 봉합은 깊고 각 나층은 약하게
부풀어 있고 내순과 축순 사이의 각축이 약간 꼬여 있
다. 껍질은 옅은 회갈색이다. 각구는 물달팽이보다 작
고 난형에 가깝다.

◉ **생태**
물달팽이는 주로 하천과 저수지, 온수로, 물웅덩이 등
에 사는 반면, 애기물달팽이는 논과 같은 서식환경에
잘 적응되어 많은 개체수가 번식하며 농약에도 강한
내성을 보인다. 작은 고랑이나 강으로 흘러드는 수로
에 서식하며 지역에 따라 개체변이가 심하며 물달팽
이 어린것과 혼동되기 쉽다.

◉ **분포**
한국, 중국, 일본

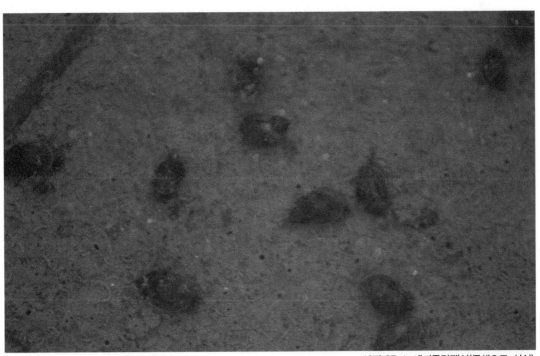

사진 27-1. 애기물달팽이(군생으로 서식)

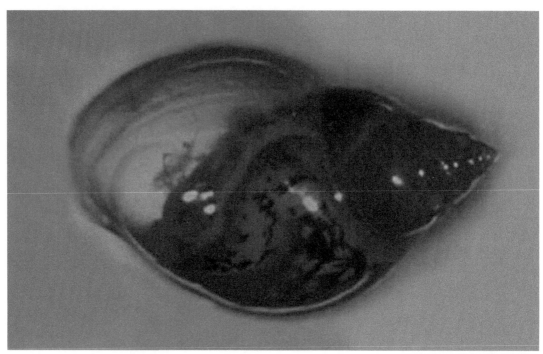

사진 27-2. 애기물달팽이(등면)

사진 27-3. 애기물달팽이(배면)

## 28. 긴애기물달팽이 *Fossaria truncatula* (Muller)

연체동물문〉복족강〉기안목〉물달팽이과
MOLLUSCA〉Gastropoda〉Basommatophora〉Lymnaeidae

◉ **특징**
각고는 9mm이고, 각경은 5mm이다. 패각은 중소형의 원주형이고, 나층이 5층으로 높고 가늘다. 체층과 차체층과의 크기의 차이가 적고 봉합이 깊어 나관이 뚜렷하다. 체층은 각고의 2/3정도로 물달팽이이나 애기물달팽이보다 체층이 작다. 껍질은 옅은 황색을 띠며 광택이 없고 거칠다. 각구는 좁은편이며 제공이 없다. 애기물달팽이와 각고의 윤기가 흐린점에서 구별된다.

◉ **생태**
애기물달팽이와 마찬가지로 논과 같은 서식환경에 잘 적응되어 많은 개체수가 번식하며 농약에도 강한 내성을 보인다. 마을의 오수 유입지, 강, 저수지 등의 유속이 느린 곳에 서식하고, 특히 농약이 과다하게 투입되어 천적이 적은 논에 많이 서식하여 농약 과다 투입의 지표종으로 사용이 가능하다. 현재 논에는 애기물달팽이, 긴애기물달팽이, 왼돌이물달팽이 등이 주로 채집되고 물달팽이는 적은 개체수가 채집된다.

◉ **분포**
한국, 중국, 일본

사진 28-1. 긴애기물달팽이(배면, 껍데기)

사진 28-2. 긴애기물달팽이(배면, 실물)

사진 28-3. 긴애기물달팽이(등면, 표본)

## 29. 왼돌이물달팽이 *Physella acuta*

연체동물문〉복족강〉기안목〉물달팽이과
MOLLUSCA〉Gastropoda〉Basommatophora〉Lymnaeidae

### ◉ 특징
각고는 12㎜이고, 각경은 7㎜이다. 패각은 중소형의 난형으로 좌선형이며, 나층은 4층이고, 체층은 커서 각고의 4/5정도가 된다. 껍질은 광택이 있는 옅은 갈색 또는 적갈색이다. 각구는 좁고 긴 난형이며, 흰색의 활층이 발달하고 각축이 꼬여져 있으며 축순이 발달하여 있고 제공은 없다.

### ◉ 생태
논이나 논의 수로, 강가, 호숫가 등에 서식하며 오염된 하천이나 소규모 도시의 하천 등과 같이 심하게 오염된 곳에도 서식하는 수질지표종이다. 담수패 중에서 가장 심하게 오염된 곳에 서식하는 종이다.

### ◉ 분포
한국, 일본

사진 29-1. 왼돌이물달팽이(짝짓기)

사진 29-2. 왼돌이물달팽이(등면)

사진 29-3. 왼돌이물달팽이(배면)

## 30. 또아리물달팽이 *Gyraulus chinensis* (Dunker)

연체동물문〉복족강〉기안목〉또아리물달팽이과
MOLLUSCA〉Gastropoda〉Basommatophora〉Planorbidae

### ◉ 특징
각고는 1mm이고, 각경은 3mm이다. 패각은 원반형의 소형종으로 또아리물달팽이과에서는 가장 소형이며 각정과 제공이 상하 모두 들어가고 나층은 3층으로 또아리모양으로 감겨있고 제공은 각경의 1/2정도를 차지한다. 체층은 주부가 둥글며, 껍질은 평평한 원반형이고 반투명한 회백색이다. 패각의 기저부가 평평하고 나탑은 넓고 얕으며, 패각은 광택이 나지 않거나 약간 나 있는 것이 수정또아리물달팽이, 배꼽또아리물달팽이와 구별된다.

### ◉ 생태
논이나 논의 수로, 강가, 호숫가 등에 서식한다.

### ◉ 분포
한국, 일본

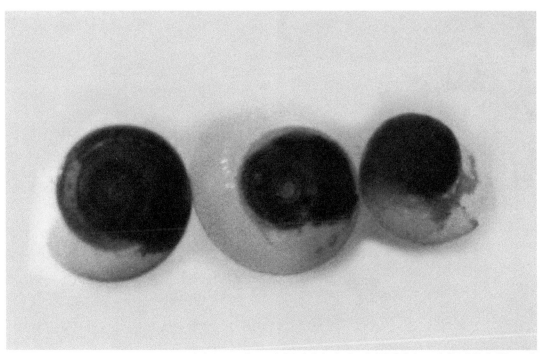

사진 30-1. 배꼽또아리물달팽이, 수정또아리물달팽이, 또아리물달팽이(좌측 부터)

사진 30-2. 또아리물달팽이(등면)

사진 30-3. 또아리물달팽이(측면)

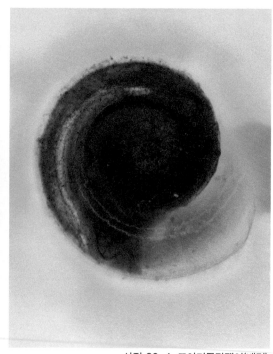

사진 30-4. 또아리물달팽이(배면)

## 31. 수정또아리물달팽이 *Hippeutis cantori* (Benson)

연체동물문〉복족강〉기안목〉또아리물달팽이과
MOLLUSCA〉Gastropoda〉Basommatophora〉Planorbidae

### ◉ 특징
각고는 2㎜이고, 각경은 10㎜이다. 패각은 원반형의 소형이나 또아리물달팽이과에서는 가장 대형이며 나층은 4층이고 제공은 각경의 1/3정도를 차지한다. 체층은 주연에 예리한 각이 있고 껍질의 아래쪽은 편평하나 위쪽은 둥글고 아래쪽으로 제공이 들어가고 체색은 황백색이며 반투명하고 광택이난다. 패각의 기저부가 둥글고 볼록하며 나탑은 다소 좁거나 깊고, 패각은 광택이 있거나 매우 나는 것이 또아리물달팽이와 구별된다.

### ◉ 생태
논이나 논의 수로, 강가, 호숫가 등에 서식한다. 부영화된 논에 많이 서식하며 이때 체색은 황백색에서 짙은 검붉은 색을 띠는 수질지표종이다.

### ◉ 분포
한국, 일본

사진 31-1. 수정또아리물달팽이(짝짓기)

사진 31-2. 수정또아리물달팽이(살아있는 형태)

사진 31-3. 수정또아리물달팽이(배면)

사진 31-4. 수정또아리물달팽이(등면)

## 32. 배꼽또아리물달팽이 *Polypylis hemisphaerula* (Benson)

연체동물문〉복족강〉기안목〉또아리물달팽이과
MOLLUSCA〉Gastropoda〉Basommatophora〉Planorbidae

◉ **특징**
각고는 3mm이고, 각경은 5.5mm이다. 패각은 원반형의 소형종으로 또아리물달팽이과에서는 각고가 가장 높고 밑면이 적다. 나층은 3층이며 제공은 각경의 1/5 정도를 차지하고 제공의 모양이 배꼽과 같이 들어가 있어서 배꼽또아리로 이름이 붙여졌다. 체층은 둥글고 각구는 초생달 모양이다. 패각의 기저부가 둥글고 볼록하며 나탑은 다소 좁거나 깊고, 패각은 광택이 있거나 매우 나는 것이 또아리물달팽이와 구별된다.

◉ **생태**
논이나 논의 수로, 강가, 호숫가 등에 서식한다. 오염수나 유기물이 많은 논에 수정또아리물달팽이가 많은 반면, 또아리물달팽이나 배꼽또아리물달팽이는 관행농업이나 시비나 농약을 사용하지 않고 관정수를 사용하는 논에 많이 서식한다.

◉ **분포**
한국, 일본

사진 32-1. 배꼽또아리물달팽이(등면)

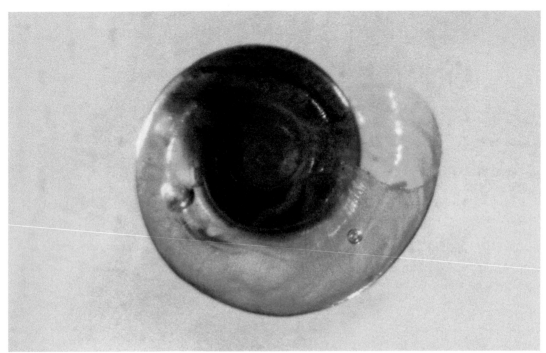

사진 32-2. 배꼽또아리물달팽이(배면)

32-3. 배꼽또아리물달팽이(살아있는 형태)

## 33. 민물삿갓조개 *Laevapex nipponicus* (Kuroda)

연체동물문〉복족강〉기안목〉민물삿갓조개과
MOLLUSCA〉Gastropoda〉Basommatophora〉Ancylidae

◉ **특징**
각고는 1.5㎜, 각장은 2.5㎜, 각경은 5.5㎜이다. 패각
은 담수패 중에서 가장 작은 종으로 전체모양이 삿갓
모양을 하고 성장맥이 발달한다. 각정은 후방 오른쪽
으로 치우쳐 있고, 앞쪽이 뒤쪽보다 길고 둥글다. 알
은 두 장의 껍질로 되어 있고 부화할 때 하나의 뚜껑
이 열리게 된다.

◉ **생태**
논, 하천, 강에서 서식하며 논에서는 벼의 줄기에 붙
어살며 부착성이 강하여 채집이 어렵다. 논에서 채집
되는 개체는 하천이나 강에서 채집되는 개체보다 소
형이 채집된다.

◉ **분포**
한국, 일본

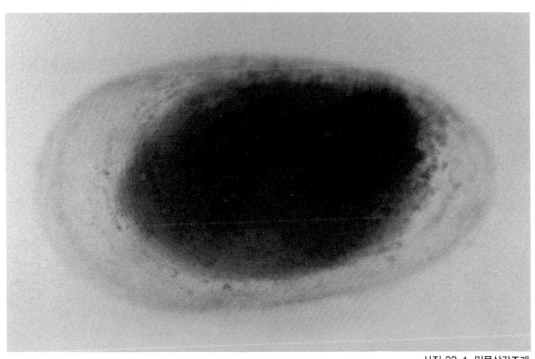

사진 33-1. 민물삿갓조개

## 34. 논우렁이 *Cipangopaludina chinensis malleata* (Reeve)

연체동물문〉복족강〉중복족목〉논우렁이과
MOLLUSCA〉Gastropoda〉Mesogastropoda〉Viviparidae

◉ 특징
각고는 58mm이고, 각경은 29mm이다. 패각은 중대형종으로 긴원추형이고, 나층은 4~5층이며 봉합이 깊어 나관이 뚜렷하고 각 나층이 둥글다. 각구는 난형이면 순연은 얇으며 체층은 각고의 4/5이며 유패는 체층 주연을 따라 털과 같은 각질 돌기가 나타난다. 암컷의 촉수는 직선상이고 수컷의 오른쪽 촉수는 둥글게 말려져 있어 촉수의 형태로 암, 수를 구별할 수 있다.

◉ 생태
성채는 주로 수심이 있고 펄이 있는 하천, 저수지, 물웅덩이 등에 서식한다. 논에서는 일년이상 성장한 것과 이앙후 수로를 따라 산란하기 위해 논으로 기어오르는 성채들이 있다. 자웅이체로 체내수정을 하며, 난태생이고 암컷의 40~100여개의 유패를 가진다.

◉ 분포
한국, 일본

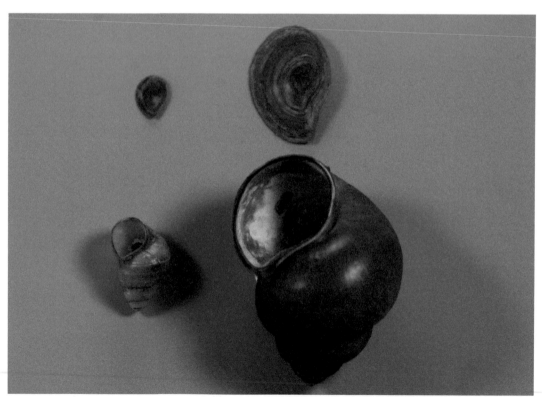

사진 34-1. 논우렁이(좌:강우렁이, 우:논우렁이)

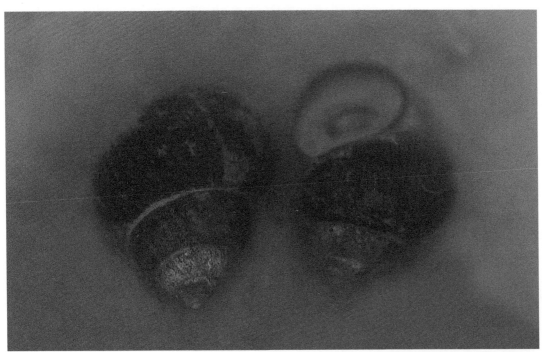

사진 34-2. 논우렁이(좌:등면, 우:배면)

사진 34-3. 논우렁이(유폐)

## 35. 강우렁이 *Sinotaia quadrata* (Benson)

연체동물문〉복족강〉중복족목〉논우렁이과
MOLLUSCA〉Gastropoda〉Mesogastropoda〉Viviparidae

◉ **특징**
각고는 30~40㎜이고, 자웅이체로 난태생이다. 나
층은 4~5층이고, 체색은 적갈색이며, 껍질은 얇고
강하다.

◉ **생태**
부영양화가 심한 오염된 물에서 주로 서식하고, 논,
농수로에서 주로 밀생한다.

◉ **분포**
한국, 일본

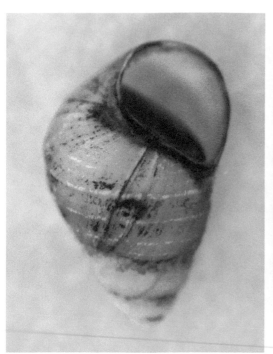 

사진 35-1. 강우렁이(좌:배면, 우:등면)

## 36. 쇠우렁이 *Parafossarulus manchouricus* (Bourguignat)

연체동물문〉복족강〉중복족목〉쇠우렁이과
MOLLUSCA〉Gastropoda〉Mesogastropoda〉Bithyniidae

◉ **특징**
각고는 12.5㎜이고, 각경은 7㎜이다. 패각은 소형이며
원추형으로 단단하다. 나층은 3~4층으로 높은편이며
각피는 회백색 또는 황갈색으로 각질이 두껍고 거칠
다. 체층과 차체층에 2~3개의 나륵이 있는 개체도 있
다. 순연에 진한 갈색의 각피가 둘러져 있으며 외순
끝이 체층을 향해 솟아있다. 내순부분에 활층이 형성
되어 있고, 활층이 발달한 개체는 좁은 제공을 형성한
다.

◉ **생태**
논, 농수로 등에 서식하고 심하게 부영양화된 논에는
거의 서식하지 않는 수질지표종이다.

◉ **분포**
한국, 일본

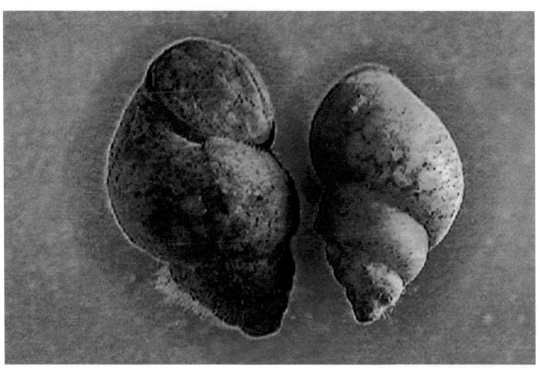

사진 36-1. 쇠우렁이(좌:배면, 우:등면)

# 37. 좀기수우렁이 *Assiminea lutea* (A. Adams)

연체동물문〉복족강〉중복족목〉기수우렁이과
MOLLUSCA〉Gastropoda〉Mesogastropoda〉Assimineidae

◉ **특징**
각고는 7㎜이고, 각경은 4㎜이다. 패각은 소형의 난형
이며, 나층은 5층으로 껍질이 얇고 단단하고 황백색
을 띠며 약한 광택이 있다. 체층에는 3줄의 갈색 띠가
있고 차체층에는 1줄이 나타난다. 봉합은 깊고 나층은
둥글며 각구는 반월형으로 외순과 저순은 얇다. 유패
시기에도 각정 층은 마모되어 나타난다.

◉ **생태**
강하구와 같이 민물과 바닷물이 섞이는 기수역, 간척
지의 논이나 농수로 등에 서식한다.

◉ **분포**
한국, 일본

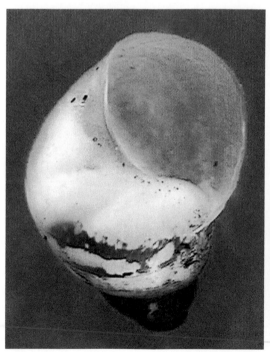

37-1. 좀기수우렁이(배면)

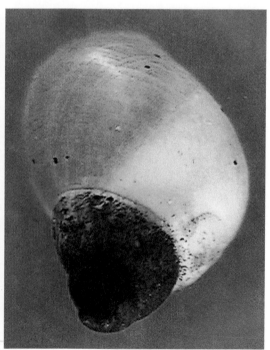

사진 37-2. 좀기수우렁이(등면)

## 38. 둥근입기수우렁이 *Stenothyra glabra* (A. Adams)

연체동물문〉복족강〉중복족목〉둥근입기수우렁이과
MOLLUSCA〉Gastropoda〉Mesogastropoda〉Stenothyridae

◉ **특징**
각고는 3mm이고, 각경은 1.8mm이다. 패각은 미소형의
난형이며, 나층은 4~5층이고 껍질은 황갈색을 띠며
성장선이 뚜렷하다. 체층은 둥글고 크며 전면이 약간
납작하고 봉합은 깊은 편이며 각 나층은 부풀어 있다.
각구는 돌출하지 않고 체층면과 일직선을 이룬다. 각
구는 원형이며 뚜껑 안쪽에 발이 붙어있던 곳에 2개
의 가로 돌기가 있다.

◉ **생태**
강하구와 같이 민물과 바닷물이 섞이는 기수역, 간척
지의 논이나 농수로 등에 서식한다.

◉ **분포**
한국, 일본

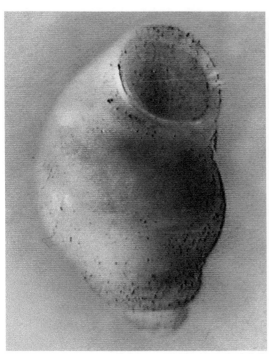

사진 38-1. 둥근입기수우렁이(배면)

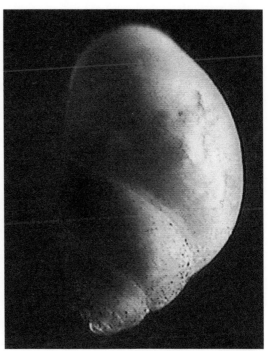

사진 38-2. 둥근입기수우렁이(등면)

## 39. 삼각산골조개 *Sphaerium lacustre japonicum* (Westerlund)

연체동물문〉복족강〉백합목〉산골과
MOLLUSCA〉Gastropoda〉Veneroida〉Stenothyridae

◉ **특징**
각고는 9mm, 각장 11mm, 각경 7mm이다. 패각은 소형의 사각형에 가까운 원형이며, 각피는 회백색으로 신장부는 황색으로 성장선이 뚜렷하며 짙은 갈색의 띠를 이룬다. 태각은 뚜렷하고 광택을 내며 각정은 거의 중앙에 위치한다.

◉ **생태**
논, 농수로, 저수지 등에 서식한다.

◉ **분포**
한국, 일본

사진 39-1. 삼각산골조개(성폐에 가까운 유폐)

사진 39-2. 삼각산골조개(유폐)

사진 39-3. 삼각산골조개(폐의 속면)

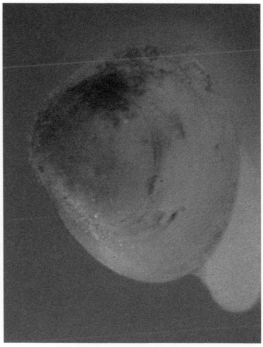

사진 39-4. 삼각산골조개(살아있는 형태와 색깔)

## 40. 국내 미기록종 *Aeolosoma Japonica* (Yamaguchi)

환형동물문〉빈모강〉물지렁이목〉아에올로소마티다에과
ANNELIDA〉Oligochaeta〉Archioligochaeta〉Aeolosomatidae

◉ 특징
미세한 현미경적인 담수산 빈모류로서 피하에 홍색, 황색, 녹색을 띤 기름방울을 함유한 것이 많고, 구전엽은 편평하며, 복면은 섬모로서 가려져 있다. 배와 등에 각각 2쌍의 강모가 있고, 모상 강모로 되어 있거나, 침상 또는 구상강모가 혼재한다. 논, 연못, 물웅덩이, 저수지 또는 오수 유입구의 녹조, 엽조 사이를 배회하며, 주로 무성적인 분채로서 증식한다.

◉ 생태
논, 연못, 물웅덩이, 저수지 또는 오수 유입구의 녹조, 엽조 사이를 배회하며, 주로 무성적인 분체로서 증식한다.

◉ 분포
한국, 일본

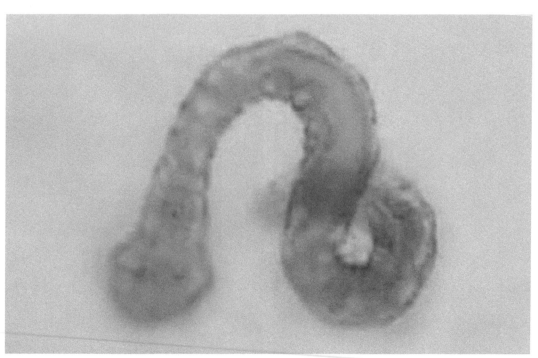

사진40-1. *Aeolosoma Japonica* (움직이는 형태)

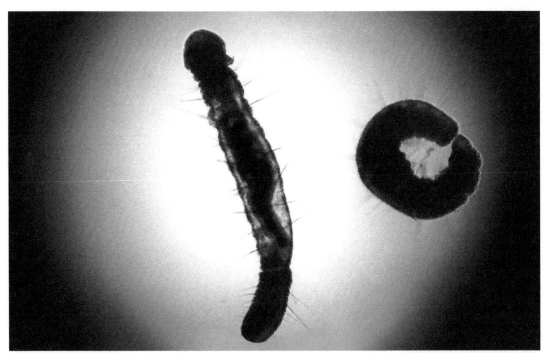

사진 40-2. *Aeolosoma Japonica* (등면)

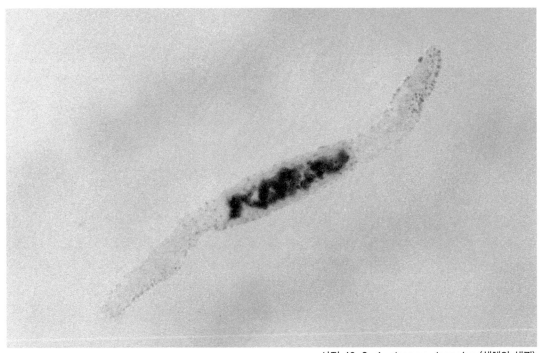

사진 40-3. *Aeolosoma Japonica* (생체의 색깔)

# 41. 국내 미기록종 *Nais Variabilis* (Piguet)

환형동물문〉빈모강〉물지렁이목〉물지렁이과
ANNELIDA〉Oligochaeta〉Archioligochaeta〉Aeolosomatidae

◉ 특징

체장은 작고, 수중에 미소한 침전물 사이 또는 어떤 물질의 표면을 배회하는 것이 많다. 유영 능력이 있는 것과 전혀 없는 것이 있다. 강모는 4속(등과 배에 각각 2속씩)으로 등쪽의 강모는 전혀 없는 것도 있다. 등의 강모 수는 다수이고, 배쪽 강모는 모두 3상 강모로서 2선단이 2쌍으로 갈라져 있는 것이 보통이다. 서식지는 연못, 물웅덩이, 오수가 들어오는 입구, 논이며, 채집 시에는 이들 서식지에서 녹조 및 저니의 표층을 함께 채취하면 쉽게 채집된다. 대부분 무성분열로서 증식하기 때문에 종종 연쇄체를 볼 수 있다.

◉ 생태

서식지는 연못, 물웅덩이, 오수가 들어오는 입구, 논이며, 채집 시에는 이들 서식지에서 녹조 및 저니의 표층을 함께 채취하면 쉽게 채집된다. 대부분 무성분열로서 증식하기 때문에 종종 연쇄체를 볼 수 있다.

◉ 분포

한국, 일본

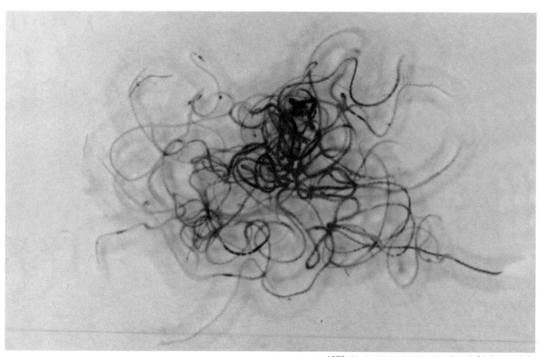

사진 41-1. *Nais Variabilis* (군생 형태 및 색깔)

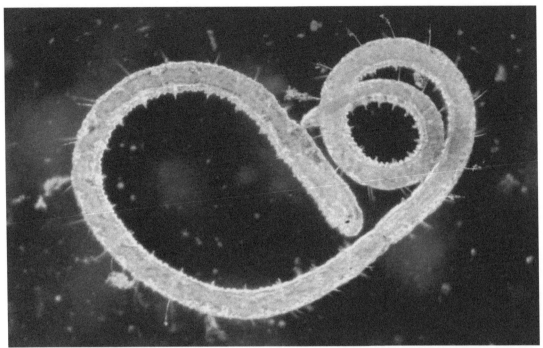

사진 41-2. *Nais Variabilis* (액침표본, 강모확대)

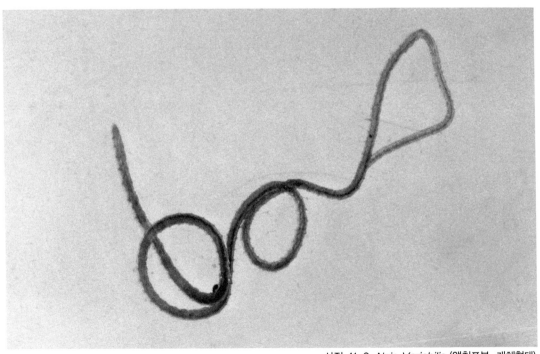

사진 41-3. *Nais Variabilis* (액침표본, 개체형태)

# 42. 실지렁이류 *Tubifex sp.*

환형동물문〉빈모강〉물지렁이목〉실지렁이과
ANNELIDA〉Oligochaeta〉Archioligochaeta〉Tubifickdae

◉ **특징**
체장은 5~10 cm정도로서 사상을 띤다. 강모는 등과
배 양쪽에 2쌍으로 시작되며, 정소는 5체정, 난소는 6
체절, 웅성공은 6/7체절 사이에 있고, 무성생식은 하
지 않는다. 배쪽 강모는 모상 강모이며, 체표에 소유
두 돌기나 환상으로 배열한 감상성 소유두 돌기가 없
는 것이 특징이다.

◉ **생태**
서식지는 논, 물웅덩이, 저수지, 하천의 오수 유입구
및 오수 퇴적물이 쌓인 물밑의 바닥 토양에서 서식하
고, 꼬리를 수중에 내어 놓는다. 실지렁이가 지나치게
발생하면 벼의 생육이 나빠진다는 보고도 있다. 빈모
류에서 담수산으로는 가장 잘 알려진 과에 속한다.

◉ **분포**
한국, 일본
※ 국내 미기록종

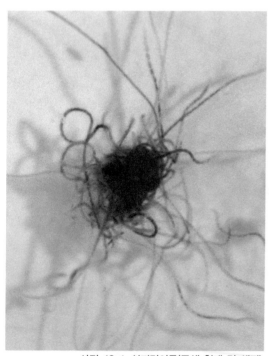

사진 42-1. 실지렁이류(군생 형태 및 색깔)

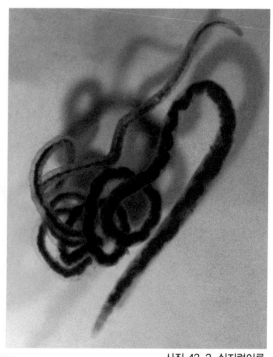

사진 42-2. 실지렁이류

## 43. 아기미지렁이 *Branchiura sowerbyi* (Beddard)

환형동물문〉빈모강〉물지렁이목〉실지렁이과
ANNELIDA〉Oligochaeta〉Archioligochaeta〉Tubifickdae

◉ **특징**
체장은 8~15 cm, 폭은 1~2mm. 체절수는 100~200
개 이상으로 각 절에 4속의 강모가 있다. 등쪽 강모는
모상 강모이고 후반부 체절에는 등과 배쪽에 줄치상
으로 배열한 사상의 아가미 돌기가 있다.

◉ **생태**
연못, 물웅덩이, 하천, 논 등에 서식하며 꼬리를 밖으
로 내어놓고 흔든다. 담수산으로는 가장 잘 알려진 과
에 속하며 주로 연못이나 오수가 들어오는 하천의 오
수 퇴적 저니에 대량 말생한다. 드물게 바다 연안에서
도 산다.

◉ **분포**
한국, 일본

사진 43-1. 아가미지렁이(액침표본, 아가미확대)

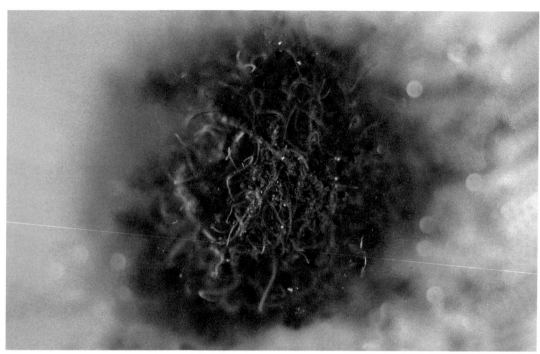

사진 43-2. 아가미지렁이(군생 형태 및 색깔)

사진 43-3. 아가미지렁이(액침표본, 개체형태)

# 44. 참거머리 *Hirudo nipponica* (Whitman)

환형동물문〉거머리강〉턱거머리목〉거머리과
ANNELIDA〉Hirudinea〉Arhynchobdellidae〉Hirudinidae

## ◉ 특징
체장은 수축시 20~25mm, 평창시 50~70mm, 폭은 6mm 정도. 몸은 약간 편평한 원추형으로 양단은 뾰족하다. 몸체의 앞뒤 양끝의 벼쪽에 각각 한 개의 흡반이 있고, 앞쪽에 있는 흡반 밑에 입이 있다. 입의 중앙에 3개의 반원형 턱이 있고 60여 개의 이(齒)가 있다. 눈은 5쌍으로 제 2, 3, 4, 6, 9 체환에 각각 1쌍씩 있다. 5쌍의 눈이 있는 환으로부터 웅성생식공 사이에는 22개의 환이 있다. 자웅생식공은 5체환의 거리에 있다. 배면에는 담회색 혹은 담갈색으로 6줄의 세로선이 있고, 복면은 암회색 또는 약간 노란회색으로 반점이 없다.

## ◉ 생태
곡간 논, 물웅덩이, 저수지, 계곡 하천의 물흐름이 없고 진흙이 쌓인 곳이 주요 서식 장소이다. 먹이는 수서동물, 민물고기, 파충류, 실지렁이, 양서류, 수금류, 수서곤충 등이고, 번식은 알집을 수변 토양에 낳고 자연 방임 상태로 부화시킨다.

## ◉ 분포
한국, 일본, 대만, 중국

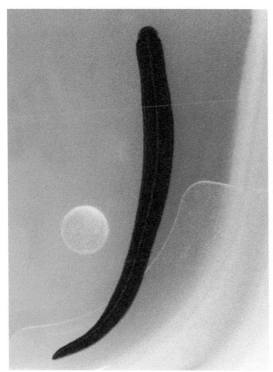

사진 44-1. 참거머리(살아있는 형태)

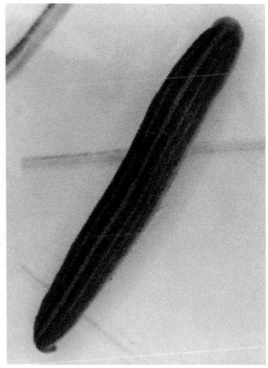

사진 44-2. 참거머리(액침표본 형태)

## 45. 녹색말거머리 *Whitmania edentula* (Whitman)

환형동물문〉거머리강〉턱거머리목〉거머리과
ANNELIDA〉Hirudinea〉Arhynchobdellidae〉Hirudinidae

### ◉ 특징
체장은 수축시 10~20mm, 평창시 150mm 이상, 폭
은 15mm 정도. 몸은 약간 편평한 긴 방추형으로 대
형이다. 턱의 발달은 불량하고 치상 돌기는 대개 불규
칙하고 소수로 2열이거나 결핍되어 있다. 이(齒)는
15~30쌍이다. 5체환 1체절로 총 105개의 체환을 가
지며, 배면의 무늬는 대개 고상이고, 구의 깊이는 균
등하다. 5쌍의 눈은 제 2, 3, 4, 6, 9 체환에 각각 1쌍
씩 있다. 5쌍의 눈이 있는 체환으로부터 웅성생식공
사이에는 24개의 환이 있고, 자웅생식공은 환과 환 사
이의 경계에서 개구한다. 등(背)면에는 5줄의 암흑색
줄무늬가 있고, 배(腹)면은 담황색을 띠며, 작은 점들
이 불규칙하게 배열되어 있다.

### ◉ 생태
흡혈성 또는 육식성이고, 논, 저수지, 하천 등에 서식
한다. 먹이는 수중동물, 포유류에 상처를 내어서 흡혈
하지만 흡혈능력은 빈약하다. 새끼는 알에서 부화되
면 실지렁이처럼 붉은색을 띠며, 커가면서 본래의 깔
을 찾게 된다.

### ◉ 분포
한국, 일본

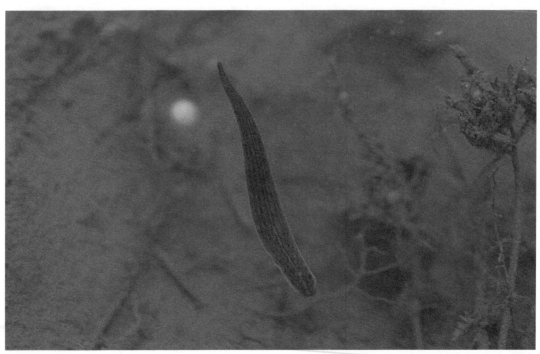

사진 45-1. 녹색말거머리(살아있는 형태)

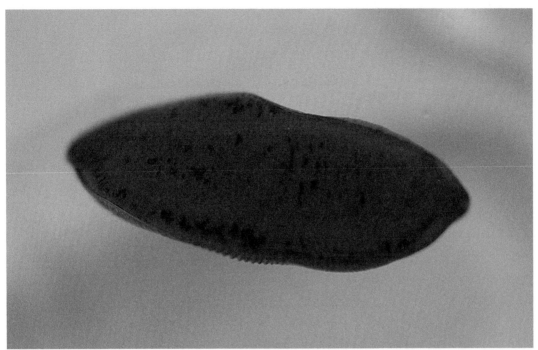

사진 45-2. 녹색말거머리(배면)

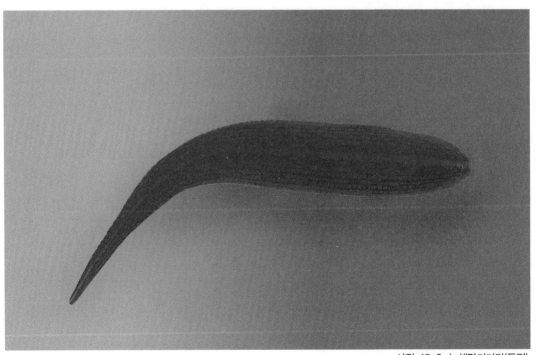

사진 45-3. 녹색말거머리(등면)

# 46. 말거머리 *Whitmania pigra* (Whitman)

환형동물문〉거머리강〉턱거머리목〉거머리과
ANNELIDA〉Hirudinea〉Arhynchobdellidae〉Hirudinidae

### ◉ 특징
체장은 100~150㎜내외이고, 수축 시에는 60㎜내외
이다. 등면은 황갈색으로 5줄의 흑색 세로선이 있고,
배면은 연한 황색을 띠며 흑색반점이 세로로 나 있다.
입이 전흡반 앞에 있고 3개의 턱과 치상돌기가 있지
만 흡혈능력은 없다.

### ◉ 생태
주로 논, 물웅덩이, 저수지, 하천 등에 서식하며, 전국
적으로 분포한다. 겨울에는 진흙 속에 숨어 지낸다.

### ◉ 분포
한국, 일본, 중국

사진 46-1. 말거머리(수축형태)

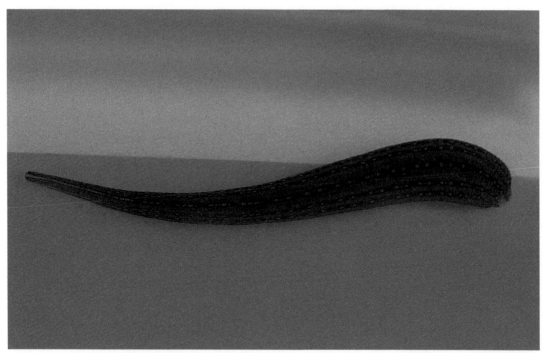

사진 46-2. 말거머리(이완상태)

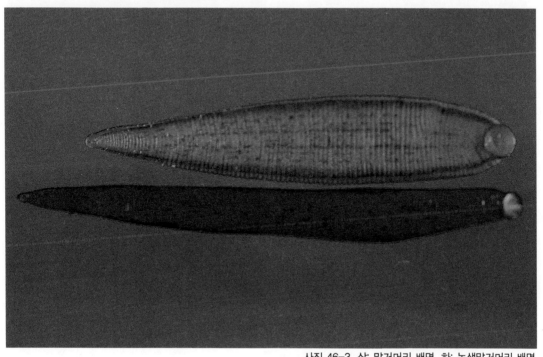

사진 46-3. 상: 말거머리 배면, 하: 녹색말거머리 배면

# 47. 돌거머리 *Erpobdella lineata* (Muller)

환형동물문〉거머리강〉턱거머리목〉돌거머리과
ANNELIDA〉Hirudinea〉Arhynchobdellidae〉Erpobdellidae

## ◉ 특징
체장은 60~70mm정도. 눈은 3~4쌍이다. 1체절은 5
체환이며, 때로는 세분화되어 있다. 치상 돌기가 없
고, 인두는 관상이며 근육질로 잘 발달되어 있다. 진
정혈관계로 혈관에는 적색의 혈액이 순환한다. 호흡
은 체표를 통하여 한다. 몸통의 색은 어두운 갈색을
띠고 체표는 매끈거린다.

## ◉ 생태
논, 물웅덩이, 저수지 등에도 있지만, 마을을 통과하
는 하천이 주요 서식 장소이다. 보호색을 가지고 있
어 주위의 환경에 맞도록 자신의 몸통색깔을 주변의
색깔과 비슷하게 바꾸는 능력이 있다. 먹이는 민물고
기, 양서류, 파충류, 수서곤충, 실지렁이, 수서생물
등이다. 번식은 알을 낳아서 번식하고, 알을 품어 부
화하여 일정기간 지날 때까지 자신의 몸에 붙여 보호
한다. 자웅동체이지만 두 마리가 있어야 교배가 이루
어진다.

## ◉ 분포
한국, 일본

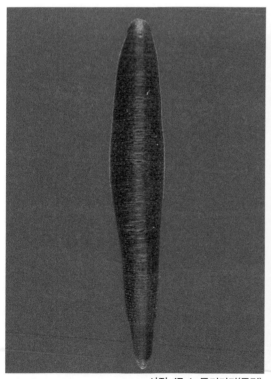

사진 47-1. 돌거머리(등면)

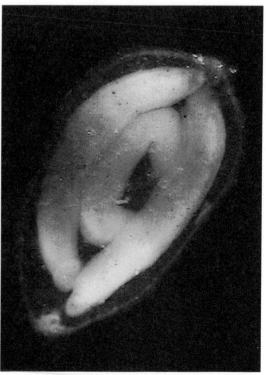

사진 47-2. 돌거머리(알집속에 있는 유체)

# 48. 넙적거머리류 *Glossiphonia sp.*

환형동물문〉거머리강〉부리거머리목〉넙적거머리과
ANNELIDA〉Hirudinea〉Rhynchobdellida〉Erpobdellidae

## ◉ 특징
체절은 3개의 체환으로 구성되어 있으며, 소화관과 장은 독특하게 쌍으로 측맹낭을 이루며, 장은 항상 4쌍으로 되어있다.

## ◉ 생태
수중에서 수영을 하지 못하고, 전·후 흡반을 사용하여 기어 다니는 운동양식을 가지며, 근육성 주둥이가 있다. 먹이는 패류, 빈모류, 수서곤충류, 어류, 양서류, 파충류, 수금류 등의 체액 혹은 혈액을 섭취한다. 서식지는 하천, 논 등이며, 맑은 저수지에서도 흔히 볼 수 있다. 부영양화에 내성이 큰 종으로써 논에서 주로 서식한다. 알과 어린 새끼들은 초기 발생 과정 동안 어미의 복면에 부착시켜 돌보는 독특한 습성이 있다.

## ◉ 분포
한국, 일본

※ 추후 종 동정 필요

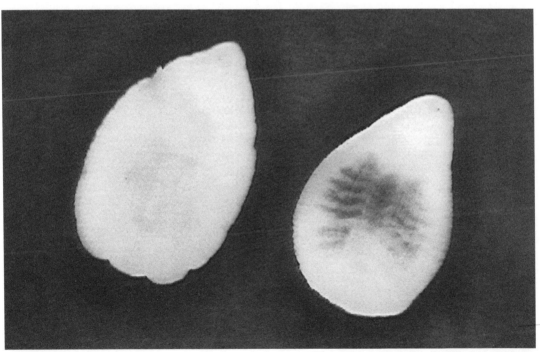

사진 48-1. 넙적거머리류(좌:등면, 우:배면, 몸이 투명한 종)

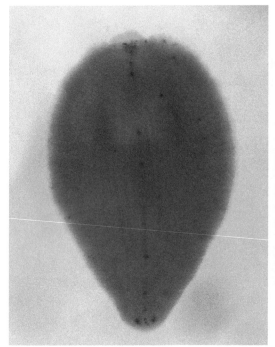

48-2. 넙적거머리류(*sp.*1)

사진 48-3. 넙적거머리류(*sp.*2)

사진 48-4. 넙적거머리류(*sp.*3)

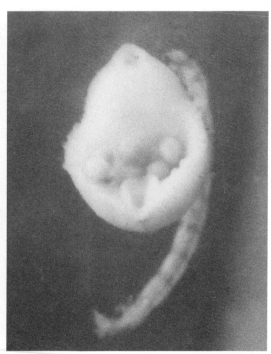

사진 48-5. 넙적거머리류(포란)

## 49. 플라나리아류 *Planariidae gen spp.*

편형동물문〉와충강〉삼지장목〉플라나리아과
PLATYHELMINTHES〉Turbellaria〉Tricladida〉Planariidae

◉ **특징**
체장은 1~3mm정도. 전체 모양은 길쭉하고 납작하며, 머리쪽은 세모모양이며 2개의 눈이 있으며 때로는 촉수가 있다. 꼬리는 뾰족하다. 인두 내측 근육층대는 환주근과 종주근의 별개의 층을 형성하고, 몸 앞단 폭의 중앙에 선근 점착 기관이 없다. 체표는 섬모로 덮여 있으며, 복면의 색은 유색 또는 백색이고, 배면은 갈색이다.

◉ **생태**
파동운동으로 헤엄치거나 민달팽이처럼 긴다. 원래 색깔은 갈색이나 보호색을 지니고 있어서 주위의 색깔에 따라 잘 변한다. 주로 수온이 낮고 깨끗한 물이 흐르는 개울이나 계곡의 돌 밑이나 나뭇잎 밑에 서식하지만 논, 물웅덩이, 저수지 등에서도 서식하는 종이 있다. 특히 곡간답에서 하천수를 직접 이용하는 논에서 종종 발견된다. 대부분 육식성이고, 밤에 먹이를 먹는데 먹이는 원생동물, 미소한 복족류, 벌레들이다. 자웅동체이며 인두의 앞쪽이나 뒤쪽에서 횡분열하는 무성생식과 교미에 의한 유성생식을 한다.

◉ **분포**
한국, 일본

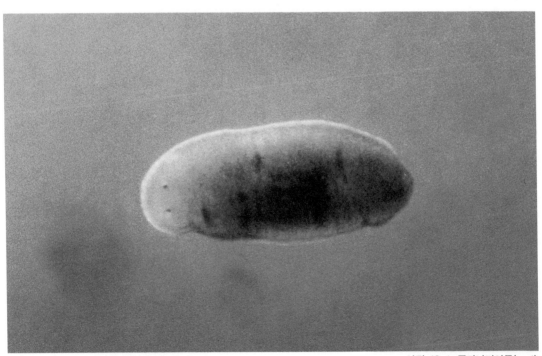

사진 49-1. 플라나리아류(*sp.*1)

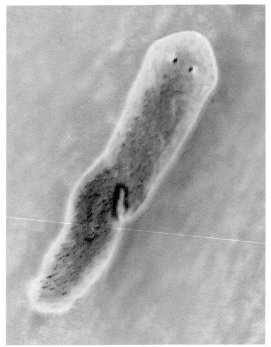

사진 49-2. 플라나리아류(*sp.*2)

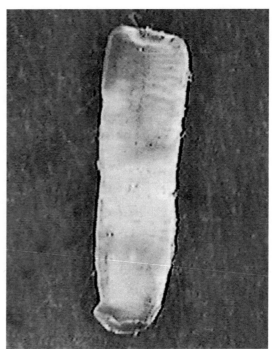

사진 49-3. 플라나리아류(*sp.*3)

사진 49-4. 플라나리아류(*sp.*4)

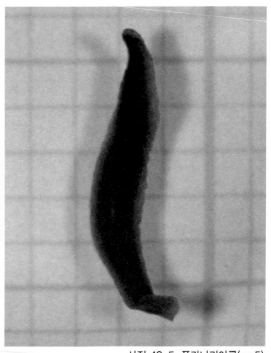

사진 48-5. 플라나리아류(*sp.*5)

편형동물문〉와충강〉삼기장목〉티플라나리아과
PLATYHELMINTHES〉Tricladida〉Typhloplanidae

◉ 특징
체장은 5~7mm. 몸은 가늘고 길다. 성숙한 내구(耐久)란은 적갈색으로 양쪽이 볼록하며, 모체의 크기 및 영양상태에 따라서 다르고, 크기는 270~360㎛, 수는 최대 59개까지 갖고 있다. 정수성 및 완만한 유수지역에서 수초, 수생식물 및 부식이 많은 물에 살고 논에도 서식한다. 수직으로 유영하며 세계적으로 널리 분포한다.

◉ 생태
정수성 및 완만한 유수지역에서 수초, 수생식물 및 부식이 많은 물에 살고 논에도 서식한다.

◉ 생태
한국, 일본을 포함한 전세계적 분포
※ 국내산 미기록종

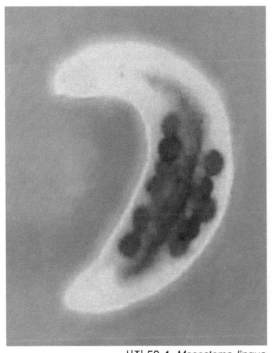

사진 50-1. *Mesostoma lingua*
(난을 지니고 살아있는 형태 및 색깔)

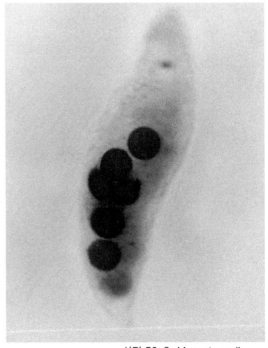

사진 50-2. *Mesostoma lingua*
(알콜에 바로 죽은 형태 및 색깔)

## 51. 연못하루살이 *Cloeon dipterum* (Linnaeus)

절지동물문〉곤충강〉하루살이목〉꼬마하루살이과
ARTHROPODA〉Insecta〉Ephemeroptera〉Baetidae

◉ **특징**

유충의 체장은 8~9mm정도이고, 성충의 몸통 길이는 7mm, 꼬리 길이는 16mm정도이다. 유충의 체색은 갈색으로 머리, 가슴 등에 불규칙한 옅은색 무늬가 있다. 수컷 성충의 체색은 전체적으로 담갈색이며 적갈색의 짙은 무늬가 가슴, 앞넓적다리 마디, 배(복부)마디, 등판의 양 가장자리에 나타난다. 유충의 제1~6배마디에는 2쌍, 제7배마디에는 1쌍의 기관아가미가 있으며, 제10배마디의 뒤쪽 가장자리는 둥글고 같은 크기의 가시가 있다. 성충의 겹눈은 터번모양이며, 뒷날개가 없다.

◉ **생태**

논, 물웅덩이, 저수지, 담수 휴경지 등이 주요 서식장소로서 논생태계에서 단일종으로 우점성이 가장 높은 곤충이라고 할 수 있다. 그러한 이유는 유충이 겨울철에도 유속이 없는 담수지역에서 서식하고 있어 논에 이앙과 함께 산란이 이루어지기 때문이고, 깔다구보다 우점성이 늦어지는 것은 먹이원이 늦게 논에서 발생하기 때문이다. 년간 수세대로 5~9월경 우화하며, 부화한 유충은 대개 하천 상류의 유속이 완만한 곳이나 호수, 늪지대의 수온이 높은 정소역에 유영하며 서식하고, 잠자리 유충과 같은 포식성 수서곤충뿐만 아니라 작은 물고기의 먹이가 된다. 성충은 비행능력이 뛰어나서 우화지점으로부터 수 km 떨어진 불빛에 날아들기도 한다.

◉ **분포**

한국, 일본, 중국, 유럽, 북아메리카

사진 51-1. 연못하루살이(유충)

사진 51-2. 연못하루살이(성충)

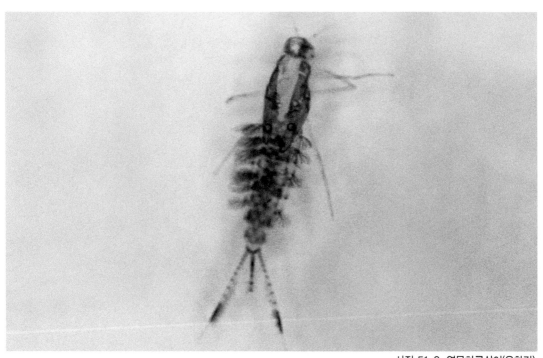

사진 51-3. 연못하루살이(우화각)

## 52. 날개하루살이 *Siphlonurus chankae* (Tshernova)

절지동물문〉곤충강〉하루살이목〉쌍꼬마하루살이과
ARTHROPODA〉Insecta〉Ephemeroptera〉Siphlonuridae

◉ **특징**
유충의 체장은 10~20mm. 외형은 연못하루살이와
비슷하지만, 기관 아가미가 좌우 비대칭이고 특히
1~2번째 배마디 아가미가 2쌍, 3~7배마디는 1쌍으로
차이를 나타낸다.

◉ **생태**
주요 서식장소는 하천하류의 유속이 느린 수초나 낙
엽이 쌓인 물 가장자리이다. 논에서는 거의 볼 수 없
고, 온수로나 곡간답의 담수휴경지에서 드물게 채집
된다.

◉ **분포**
한국, 일본, 중국, 유럽, 북아메리카

사진 52-1. 날개하루살이 유충(측면)

사진 52-2. 날개하루살이 유충(등면)

## 53. 방울실잠자리 *Platycnemis phillopoda* (Djakonov)

절지동물문〉곤충강〉잠자리목〉방울실잠자리과
ARTHROPODA〉Insecta〉Odonata〉Platycnemididae

◉ **특징**
종령 유충의 체장은 14mm내외이고, 배마디의 옆가시는 제7-9배마디에 있으며, 옆 및 중앙 꼬리아가미의 길이는 7mm내외이다. 체색은 흑갈색과 담황갈색의 무늬가 있고, 다리에는 흑색의 띠무늬가 있다. 성충 수컷의 체장은 34~38mm정도이며, 수컷은 가운데및 세번째다리 종아리마디가 방울형태를 하고 있어 다른 실잠자리와 구별이 된다.

◉ **생태**
유충은 하천, 저수지나 논의 물웅덩이, 온수로 등에서 채집되고 성숙 성충은 주로 평지로부터 구릉지에 걸쳐서 나무그늘이 있는 연못이나 습지, 강, 하천의 정수지 등에서 관찰된다. 5~6월에 우화하여 활동하고, 성숙 성충은 여름을 중심으로 강, 하천 및 연못에서 번식활동을 하며, 10월까지 관찰된다. 산란은 주로 자웅 연결상태로 수면부근의 식물조직 내에 한다.

◉ **분포**
한국, 중국, 러시아

사진 53-1. 방울실잠자리 유충(옆면)

사진 53-2. 방울실잠자리 성충(짝짓기후 휴식중)

## 54. 좀청실잠자리 *Lestes japonicus* (Selys)

절지동물문〉곤충강〉잠자리목〉청실잠자리과
ARTHROPODA〉Insecta〉Odonata〉Lestidae

### ◉ 특징
종령 유충의 체장은 17~19mm내외이고, 옆 및 중앙 꼬리아가미의 길이는 9mm내외이다. 몸은 담갈색이며 그 외의 무늬는 거의 없다. 중편 강모는 5쌍, 측편 강모는 3개이다. 배는 가늘고 길며, 제5배마디에서 제9배마디까지 각 마디 끝의 옆쪽에 짧은 가시가 있다. 꼬리아가미의 중앙선을 따라 넓은 갈색의 세로무늬가 있고, 3쌍의 갈색 가로무늬는 분명치 않고, 좌우 3쌍의 갈색 얼룩무늬가 있다. 버드나무 잎 모양의 꼬리아가미나 등의 4번째 끝마디에 X자 무늬가 있어 구별이 용이하다. 성충 수컷의 배길이(腹長)는 28~33mm, 뒷날개 길이는 18~22mm이며, 암컷은 수컷과 비교해서 배길이는 약간 짧고, 날개는 약간 길다. 다른 청실잠자리류보다 체장에 비하여 날개 길이가 약간 짧다. 후두부의 뒤쪽이 황백색을 하고 있어서 다른 종과 구별할 수 있다. 몸의 배면(背面)은 금녹색이고, 복면(腹面)은 당황색이다. 수컷의 꼬리위쪽 부속기는 위 끝만 검은색이다. 꼬리아래쪽 부속기는 양옆으로 벌어져 있으며, 위 끝은 뭉툭하고 길면서 부드러운 털이 촘촘히 나있다.

### ◉ 생태
서식지는 평지나 구릉지의 정수 식물이 많은 저수지나 연못, 담수 휴경지, 논 등이다. 산란은 암수가 연접하여 식물의 줄기조직 내에 산란하고 알로 월동한다. 성충은 6월 중순부터 11월 하순까지 볼 수 있다. 먹이는 동물성플랑크톤, 실지렁이, 연못하루살이 유충, 깔따구 등이다. 국외로 반출이 금지된 종이다.

### ◉ 분포
한국, 일본, 중국

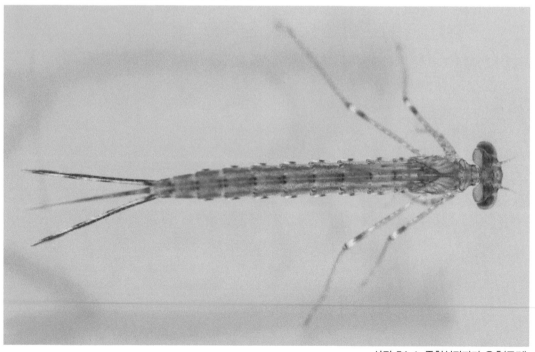

사진 54-1. 좀청실잠자리 유충(등면)

사진 54-2. 좀청실잠자리 유충(측면)

사진 54-3. 좀청실잠자리 유충(등면)

# 55. 청실잠자리 *Lestes sponsa* (Hansemann)

절지동물문〉곤충강〉잠자리목〉청실잠자리과
ARTHROPODA〉Insecta〉Odonata〉Lestidae

### ◉ 특징
종령 유충의 체장은 14~22mm내외이고, 옆 및 중앙 꼬리아가미의 길이는 8.6~10mm내외이다. 몸은 담갈색이며 중편 강모 5쌍으로 내측 강모는 짧다. 측편 강모는 3개이며, 옆꼬리 아가미의 짙은 적갈색으로 아가미 끝으로 갈수록 가늘어지고 위쪽으로 약간 휘어진 것과 등선을 따라 갈색 점이 1쌍씩 있는 것이 다른 종과 구별된다. 성충 수컷의 체장은 34~47mm, 배길이(腹長)는 25.5~38mm, 뒷날개 길이는 18.5~25mm이며, 암컷의 체장은 35.5~45mm, 배길이는 27~35mm, 뒷날개 길이는 21.5~27mm이다. 성체의 배면(背面)은 금녹색(金綠色)으로 측면은 황색이다. 성숙 수컷의 가슴 측면에는 흰가루(백분)가 있으며, 암컷은 백분이 있는 형태와 백분이 없는 형태의 두 가지 형태가 있다. 또, 성숙 수컷에서도 드물게 백분이 없는 개체가 있다.

### ◉ 생태
서식지는 평지나 구릉지의 정수 식물이 많은 저수지나 연못, 담수 휴경지, 논 등이다. 5~6월경에 우화하여 부근의 삼림 등에서 여름을 나며, 긴 전(前)생식기간을 거쳐, 가을(9월경)에 연못으로 돌아와서 생식활동을 한다. 성충은 5월 하순부터 10월 하순까지 볼 수 있다. 먹이는 동물성플랑크톤, 실지렁이, 연못하루살이 유충, 깔따구 등이다. 국외로 반출이 금지된 종이다.

### ◉ 분포
한국, 일본, 중국, 러시아, 유럽

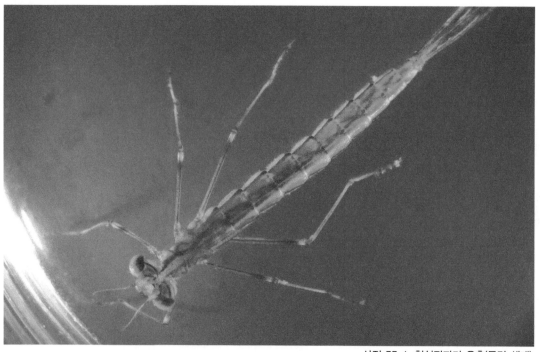

사진 55-1. 청실잠자리 유충(등면 생태)

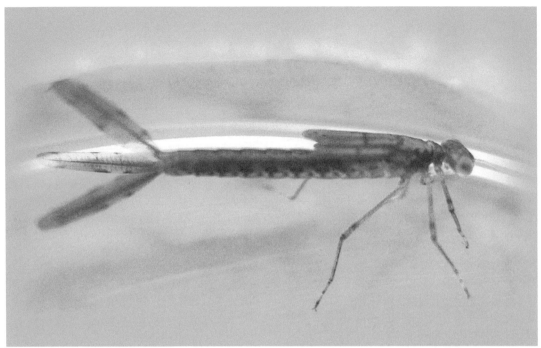

55-2. 청실잠자리 유충(살아있는 형태와 색깔)

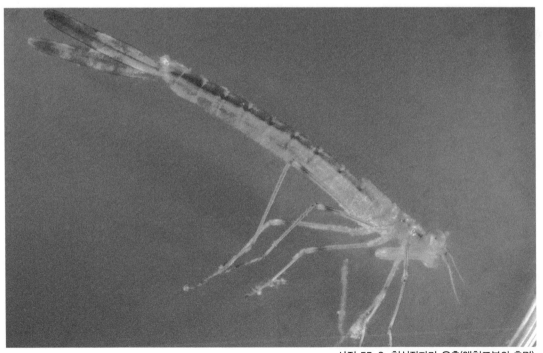

사진 55-3. 청실잠자리 유충(액침표본의 측면)

# 56. 묵은실잠자리 *Sympecma paedisca* (Brauer)

절지동물문〉곤충강〉잠자리목〉청실잠자리과
ARTHROPODA〉Insecta〉Odonata〉Lestidae

### ◉ 특징
종령 유충의 체장은 14~18mm내외이고, 옆 및 중앙 꼬리아가미의 길이는 7~9mm내외이다. 몸은 연한 녹색이며, 등에 검은 두줄에 한쌍의 흰점이 마디수 대로 있고, 옆꼬리아가미는 짙은 검은 색을 띠고 있어 다른 종과 구별이 용이하다. 성충의 체장은 35~38mm, 배길이(腹長)는 26~31mm, 뒷날개 길이는 21~24mm이다. 담갈색에 담동색얼룩이 있다. 본종과 가는실잠자리는 미숙시기에는 체색, 연문 모두 매우 유사하여 구별에 주의를 요한다. 날개를 접었을 때 앞날개와 뒷날개의 연문이 겹치지 않는 것이 본종, 겹치는 것이 가는실잠자리이다. 성숙하면 가는실잠자리는 갈색에서 아름다운 푸른색으로 변신하는데 반하여, 본종의 체색은 성숙해도 갈색인 채로 조금 복안(複眼)이 푸르게 변화하는 정도이다.

### ◉ 생태
평지나 구릉지의 갈대 등의 추수식물이 있는 저수지나 연못, 담수휴경지에서 서식한다. 7~8월부터 새로운 성충이 발견되지만, 미성숙 성충으로 월동한다. 12~3월까지 약 4개월간 겨울잠을 자며, 기온이 13℃ 이상이 되면 잠을 깨고 활동하다가 추워지면 다시 휴면에 들어간다. 월동 후의 성충은 발생지의 연못이나 늪지로 날아와서 교배 및 산란한다. 종령 유충이 되기까지는 2년이 걸리며, 우화 후 수명은 약 1년이다. 먹이는 동물성 플랑크톤, 실지렁이, 연못하루살이 유충, 깔다구 등이다.

### ◉ 분포
한국, 일본, 중국, 러시아, 유럽

림 56-1. 묵은실잠자리 유충(측면)

사진 56-2. 묵은실잠자리 성충(우)

사진 56-3. 묵은실잠자리 성충(우)

사진 56-4. 묵은실잠자리 성충(산란)

사진 56-5. 묵은실잠자리(우화각)

절지동물문〉곤충강〉잠자리목〉청실잠자리과
ARTHROPODA〉Insecta〉Odonata〉Lestidae

### ◉ 특징
종령 유충의 체장은 11~13.2mm내외이고, 옆 및 중앙 꼬리아가미의 길이는 5.5~7mm내외이다. 몸은 짙고 밝은 적갈색이며, 꼬리아가미는 중앙아가미가 옆아가미보다 길고, 끝으로 갈수록 좁아지는 특징이 있어 다른 종과 구별이 용이하다. 성충의 체장은 34~41mm, 배길이(腹長)는 28~32mm, 뒷날개 길이는 19~22mm 정도로, 자웅 거의 같은 크기이다. 자웅 모두 미성숙기는 연한 갈색 바탕에 동색의 연문을 가지지만, 성숙하면, 수컷은 청색 바탕에 검은 연문, 암컷은 초록을 띤 청색 바탕에 검은 연문을 가진다. 매우 흡사한 종으로는 묵은실잠자리가 있지만, 구별은 간단하다(날개를 접었을 때 앞날개와 뒷날개의 연문이 겹치지 않는 것이 묵은실잠자리, 겹치는 것이 가는실잠자리).

### ◉ 생태
서식지는 평지나 구릉지의 정수식물이 많은 저수지나 연못, 담수 휴경지, 논 등이다. 특히 이앙초기 성충은 논둑에서 전국적으로 흔히 볼 수 있으나 채집되는 유충은 드물다. 대부분의 잠자리류는 유충 또는 알로 월동하지만, 본종은 성충으로 월동하는 특징을 가진다. 암컷이 봄에 산란하면, 알에서 부화한 유충은 7~8월경에 우화하여 새로운 성충이 된다. 새로운 성충은 물가를 떠나고, 겨울에는 잡목림 내에서 식물의 가지나 줄기에 붙어 월동한다. 이듬해 봄이 되면 성숙하여 담갈색의 체색이 청색으로 바뀌고, 연못이나 습지의 물가에 모여 교미 및 산란을 한다. 자웅이 연결하고 정수식물 등의 식물체 내에 산란한다. 성충의 수명은 1년 정도로 여겨지며, 잡으면 죽은 척한다.

### ◉ 분포
한국, 일본, 중국

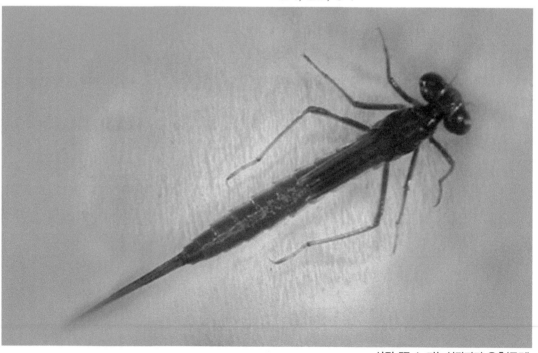

사진 57-1. 가는실잠자리 유충(등면)

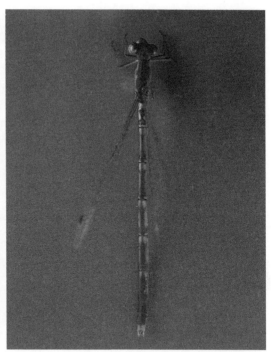

사진 57-2. 가는실잠자리 성충(♂)

사진 57-3. 가는실잠자리 성충(♀)

사진 57-4. 가는실잠자리(산란)

# 58. 큰청실잠자리 *Lestes temporalis* (Selys)

절지동물문〉곤충강〉잠자리목〉청실잠자리과
ARTHROPODA〉Insecta〉Odonata〉Lestidae

## ◉ 특징
종령 유충의 체장은 16~18mm내외이고, 옆 및 중앙 꼬리아가미의 길이는 7~9mm내외이다. 몸은 짙은 녹색이며, 꼬리아가미는 짙은 갈색을 띠며 아가미 끝으로 갈수록 휘어짐과 가늘어짐이 청실잠자리와 비슷하여 묵은실잠자리와 구별이 용이하다. 성충 수컷의 체장은 40.5~54.5mm, 배 길 이 (腹 長 )는 30.5~44.5mm, 뒷날개 길이는 21.5~27mm, 암컷의 체장은 40.5~49.5mm, 배길이는 31~39.5mm, 뒷날개 길이는 24~29.5mm이다. 성숙하면 수컷은 제10배마디에 백색 가루분이 생긴다. 암컷은 성숙하여도 몸 색상은 변화가 없고, 산란관이 두드러지게 크며, 제8,9배마디가 현저하게 불룩하다. 청실잠자리속 중에서 가장 크다. 체색은 금속광택을 띠는 녹색이다. 청실잠자리와 비슷하지만, 본종이 약간 크다.

## ◉ 생태
서식지는 평지나 구릉지의 정수식물이 많은 저수지나 연못, 담수심이 깊은 휴경지, 물웅덩이 등이다. 먹이는 동물성 플랑크톤, 실지렁이, 연못하루살이 유충, 깔따구 등이다. 다른 청실잠자리와 같이 수초에 알을 낳지 않고, 수면에 덮여있는 것처럼 딱딱한 나무의 수피에 알을 낳는다. 미성숙 성충은 발생지 주변의 숲에서 볼 수 있다. 8월경이 되면 성숙 개체가 되며, 산란하기 위하여 물가로 돌아온다. 8월중순에서 11월까지 관찰된다.

## ◉ 분포
한국, 일본, 중국, 러시아

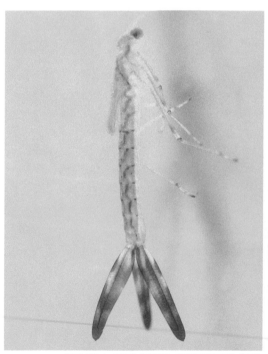

사진 58-1. 큰청실잠자리 유충(액침표본 측면)

사진 58-2. 큰청실잠자리(산란)

사진 58-3. 큰청실잠자리 성충(♂)

사진 58-4. 큰청실잠자리 성충(우)

# 59. 자실잠자리 *Copera annulata* (Selys)

절지동물문〉곤충강〉잠자리목〉방울실잠자리과
ARTHROPODA〉Insecta〉Odonata〉Platycnemididae

### ◉ 특징
종령 유충의 체장은 12~14mm내외이고, 옆 및 중앙 꼬리아가미의 길이는 5mm내외이다. 체색은 흑갈색과 담황갈색의 무늬가 있고, 다리에는 흑색의 띠무늬가 있다.
성충 수컷의 체장은 39~49.5mm, 배길이(腹長)는 31.5~41mm, 뒷날개 길이는 18~26mm, 암컷의 체장은 38~50.5mm, 배길이는 30.5~41.5mm, 뒷날개 길이는 20.5~26mm이다. 여름에 우화하는 개체는 봄에 우화하는 개체에 비하여 소형이다. 복부(腹部)에 엷은 색의 눈금과 같은 환상(環狀)의 무늬가 있다.

### ◉ 생태
유충은 저수지나 논의 물웅덩이, 온수로 등에서 채집되고 곡간지의 담수 휴경논에서도 채집된다. 미성숙 성충은 발생지 주변의 임연에서 볼 수 있다. 성숙 성충은 주로 평지로부터 구릉지에 걸쳐서 나무그늘이 있는 연못이나 습지, 때로는 하천의 정수지 등에서도 관찰된다. 5~6월에 우화하여 임상주변에서 활동하고, 성숙 성충은 여름을 중심으로 연못에서 번식활동을 하며, 10월까지 관찰된다. 산란은 주로 자웅 연결 상태로 수면부근의 식물조직 내에 한다.

### ◉ 분포
한국, 일본, 중국, 인도

사진 59-1. 자실잠자리 유충(등면)

사진 59-2. 자실잠자리 유충(측면)

## 60. 연분홍실잠자리 *Ceriagrion nipponicum* (Asahina)

절지동물문〉곤충강〉잠자리목〉실잠자리과
ARTHROPODA〉Insecta〉Odonata〉Coenagrionidae

◉ 특징

종령 유충의 체장은 11~13㎜내외이다. 옆 및 중앙 꼬리아가미의 길이는 4.1~4.8㎜내외이다. 아가미꼬리가 뭉툭한 것이 특징이다. 유사종 노란실잠자리와의 구별에서, 등면에서 볼 때 옆 아가미 끝이 일자형인 것이 노란실잠자리이고, 낙엽형이고 등이 밝은 색을 띠며 종령은 붉은색을 띠는 것이 본종이다. 또한 가운데 꼬리아가미의 테두리 아래쪽 점무늬 중 3, 4번째의 무늬 간격이 노란실잠자리는 일정하지만, 본종은 좁거나 거의 붙어있다. 성충의 체장은 34~41㎜, 배길이는 27~33㎜, 뒷날개 길이는 18~30㎜정도로, 암컷이 2~3㎜정도 더 크다. 체색은 주홍색을 띤 선명한 붉은색이다.

◉ 생태

유충의 주서식지는 남부지역의 저수지나 물웅덩이 등이다. 6월 중순경에 우화한다. 미숙 개체나 성숙 개체 모두 우화수역을 떠나지 않는다. 산란은 암수 연결상태로 수면의 식물조직에 한다. 성충은 5월 하순부터 10월 상순까지 관찰된다.

◉ 분포

한국(남부지역), 일본, 중국

사진 60-1. 연분홍실잠자리 유충(등면)

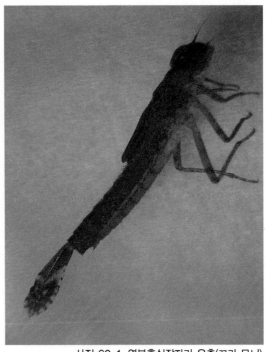

사진 60-1. 연분홍실잠자리 유충(꼬리 무늬)

사진 60-3. 연분홍실잠자리 성충(상:우화각, 중:♂, 하:♀)

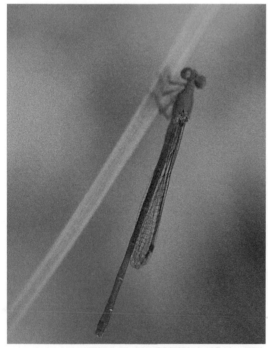

사진 60-4. 연분홍실잠자리 성충(♂, 실물)

림 60-5. 연분홍실잠자리 성충(산란)

## 61. 노란실잠자리 *Ceriagrion melanurum* (Selys)

절지동물문〉곤충강〉잠자리목〉실잠자리과
ARTHROPODA〉Insecta〉Odonata〉Coenagrionidae

### ● 특징
종령 유충의 체장은 10~13mm내외이고, 옆 및 중앙 꼬리아가미의 길이는 4.2~4.9mm내외이다. 다른 종에 비하여 아가미꼬리가 뭉툭하여 구별이 용이하지만, 연분홍실잠자리와의 구별은 쉽지 않다. 본종은 배면(背面)에서 볼 때는 옆아가미 끝이 일자형이나 연분홍실잠자리는 낙엽형으로 보이고, 연분홍실잠자리의 등은 검은 짙은 갈색이지만 본종은 밝은 색이다. 옆꼬리아가미의 점무늬도 구별이 되는데 아가미 끝이 본종은 뾰족하고, 연분홍실잠자리는 끝이 뾰족하지 않고, 테두리점무늬도 더 뚜렷하다. 성충 수컷의 체장은 33.5~43.5mm, 배길이(腹長)는 26.5~34mm, 뒷날개 길이는 16.5~23.5mm, 암컷의 체장은 36.5~47.5mm, 배길이는 28.5~37.5mm, 뒷날개 길이는 20.5~25.5mm이다. 체색은 전체가 황색을 나타

낸다. 여름에 우화하는 개체는 봄에 우화하는 개체에 비하여 소형이다. 암컷은 녹색형과 황색형의 두 가지 형태가 관찰된다.

### ● 생태
유충은 담수심이 얕은 휴경논에서 많이 관찰되며, 전국적으로 분포하지만 채집은 용이하지 않다. 하지만, 오래된 휴경지에서는 다량 채집된다. 미성숙 성충은 발생지 주변의 임연에서 관찰된다. 성숙 수컷은 물가의 풀에 정지하여 영역을 만들고, 암컷은 주로 연결상태로 식물조직 내에 산란한다. 성충은 5월 하순부터 10월 중순까지 관찰된다.

### ● 분포
한국, 일본, 중국, 대만

사진 61-1. 노란실잠자리 유충(등면)

사진 61-2. 노란실잠자리 유충(측면, 꼬리아가미)

사진 61-3. 노란실잠자리(휴식)

사진 61-4. 노란실잠자리(산란)

절지동물문〉곤충강〉잠자리목〉실잠자리과
ARTHROPODA〉Insecta〉Odonata〉Coenagrionidae

### ◉ 특징

종령 유충의 체장은 10~13mm내외이고, 옆 및 중앙 꼬리아가미의 길이는 4~6mm내외로서 그 끝이 둥글다. 몸은 등에 굵은 두 줄의 흰색선이 있고, 굵기가 가늘다. 머리는 각지고, 짙은 황갈색 바탕에 꼬불꼬불한 줄무늬가 있다. 성충 수컷의 체장은 23~31.5mm, 배 길이(腹長)는 18~26mm, 뒷날개 길이는 11.5~16.5mm이며, 암컷의 체장은 22~30.5mm, 배 길이는 17.5~24.5mm, 뒷날개 길이는 11.5~17.5mm이다. 여름에 우화한 개체는 봄에 우화한 개체에 비하여 조금 작다. 성숙한 수컷은 몸의 전반(前半)은 황녹색으로 검은색 무늬가 있고, 후반(後半)은 선명한 주황색이다. 암컷은 미숙할 때는 주황색이지만, 성숙하면서 선명한 녹색으로 변한다. 암컷은 전체가 등황색이고 반문이 없는 것과 굵은 바탕의 녹색이며 배등(腹背)을 관통하는 검은 줄이 있는 두 가지 형태가 있다.

### ◉ 생태

유충은 담수심이 얕은 휴경논에서 많이 관찰되며, 전국적으로 분포하며 채집도 용이하다. 1차 우화는 소하천 또는 물웅덩이에서 하고, 2차는 논에서 주로 증식한다. 미숙 성충은 발생지 주변의 풀숲에서 관찰된다. 수컷은 습지 내의 풀에 정지하여 영역을 만들고, 암컷은 단독으로 수면 가까이의 미나리과, 겨자과의 부드러운 식물조직 내에 산란한다. 여름형이 낳은 알은 10일 후 부화하여 종령 유충으로 겨울을 나고, 이듬해 봄에 직립형으로 우화하여 봄형이 된다. 성충은 거의 수변을 떠나지 않고, 풀숲 등에 붙어있으며, 6월 중순부터 8월 중순까지 관찰된다.

### ◉ 분포

한국, 일본, 중국

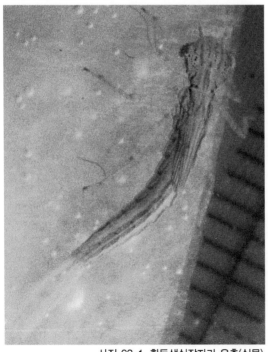

사진 62-1. 황등색실잠자리 유충(실물)

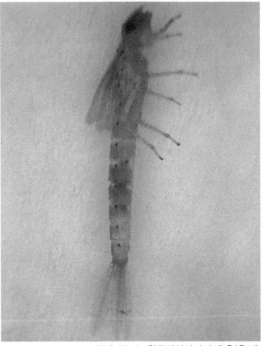

사진 62-2. 황등색실잠자리 유충(측면)

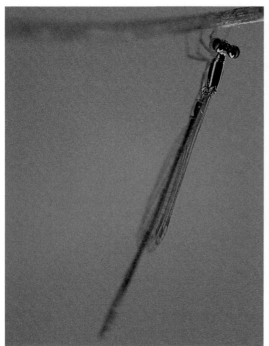

림 62-3. 황등색실잠자리 성충(성숙♂)

사진 62-4. 황등색실잠자리(성숙 성충♀)

사진 62-5. 황등색실잠자리(미성숙 성충♂)

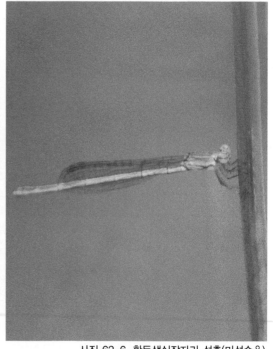

사진 62-6. 황등색실잠자리 성충(미성숙♀)

# 63.왕실잠자리 *Paracercion v-nigrum* (Needham)

절지동물문〉곤충강〉잠자리목〉실잠자리과
ARTHROPODA〉Insecta〉Odonata〉Coenagrionidae

## ◉ 특징
성충의 크기는28~34㎜, 배길이는 38㎜, 뒷날개 길이는 33㎜정도로 등줄실잠자리보다 훨씬 크다. 성숙하면 수컷은 파란색, 암컷은 황녹색이 된다. 암수 모두 배등에 검은색 무늬가 있고, 숫컷제8마디의 등쪽에 청색바탕에V형 검은색무늬가있어 구별이 쉽고 같은무늬를 가진 왕등줄실잠자리의 V 자형무늬는 본종보다 굵고 벌어지지 않고 곳게 뻗어 구분하기쉽다.

## ◉ 생태
유충의 주서식지는 저수지,농수로등의 수초가 많은 장소이지만, 소류지나 논의 관개용 물웅덩이 등에도 서식한다. 유충의 채집은 쉽지만 구분하기는 쉽지않다. 유충으로 월동하며, 우화한 개체는 수역을 벗어나 부근 숲에서 활동한다. 성숙하면 수컷은 부엽식물의 잎 위나 추수식물의 줄기등에서 세력권을 형성하며 암컷을 기다린다. 산란은 암수가 연결상태로 하며, 알을 수면 위의 식물조직 내에 한다. 성충은 5월부터 9월까지 관찰된다.

## ◉ 분포
한국은 전국적으로 분포.

사진 63-1. 왕실잠자리 성충(♂, 측면)

사진 63-2. 왕실잠자리 성충(♂, 등면)

사진 63-3. 왕실잠자리 성충(우, 측면)

## 64. 등줄실잠자리 *Cercion hieroglyphicum* (Brauer)

절지동물문〉곤충강〉잠자리목〉실잠자리과
ARTHROPODA〉Insecta〉Odonata〉Coenagrionidae

### ◉ 특징
종령 유충의 체장은 15~17.5mm내외이고, 옆 및 중앙 꼬리아가미의 길이는 5~6mm내외이다. 제7마디 옆무늬는 등검은실잠자리에 비해 작고 불규칙하며, 아가미의 분지는 많고 뚜렷하여 구별이 용이하다. 성충 수컷의 체장은 28~35.5mm, 배길이는 22~28.5mm, 뒷날개 길이는 14~19mm이며, 암컷의 체장은 29.5~37mm, 배길이는 23.5~29mm, 뒷날개 길이는 15.5~21.5mm이다. 수컷은 날개가슴 측면이 다소 황록색을 띠며, 암컷은 바탕색이 황록색 또는 황갈색으로 복부의 등면도 노랑색을 강하게 띤다.

### ◉ 생태
주요 서식지는 소하천이나 저수지이지만, 논이나 담수심이 얕은 휴경지에서도 많이 발생한다. 유충의 채집은 용이하지 않다. 미성숙 성충은 발생지 주변의 수초 등에서 발견된다. 성숙 수컷은 수면 부근의 풀 등에 정지하여 영역을 만들고, 암컷은 연결상태로 수면 부근의 식물조직 내에 산란한다. 성충은 5월에서 9월경에 관찰된다.

### ◉ 분포
한국, 일본, 중국, 홍콩

사진 64-1. 등줄실잠자리 유충(등면)

사진 64-2. 등줄실잠자리 유충(측면)

사진 64-3. 등줄실잠자리 성충(우)

림 64-4. 등줄실잠자리 성충(♂)

## 65. 등검은실잠자리 Cercion calamorum calamorum (Ris)

절지동물문〉곤충강〉잠자리목〉실잠자리과
ARTHROPODA〉Insecta〉Odonata〉Coenagrionidae

### ◉ 특징
종령 유충의 체장은 13~17mm내외이고, 옆 및 중앙 꼬리아가미의 길이는 5.6mm내외이다. 제7마디 옆무늬는 등줄실잠자리에 비해 크고 규칙적이며 뚜렷하고, 아가미의 분지는 많고 뚜렷하며 갈색 점무늬가 중앙에 일정한 간격으로 나열되어 있어 구별이 용이하다. 성충 체장은 33mm정도이고, 배 길이는 21~27mm(수컷), 22~29mm(암컷)이고, 뒷날개 길이는 15~22mm로 암컷이 조금 더 크다. 배의 등쪽은 흑색이고 수컷의 8~9마디는 청색이다. 수컷의 가슴과 배는 흰 가루로 덮여있다. 암컷의 특징은 전흉의 배면 대부분이 흑색이다.

### ◉ 생태
유충은 주로 저수지, 물웅덩이, 온수로 등에 많이 서식하지만, 논에서도 수로와 물 흐름이 용이한 논에서 쉽게 채집된다. 유충은 주로 정수식물의 줄기나 부엽식물의 잎 위 등 여러 부위에서 우화한다. 우화 후의 새로운 성충은 수역 부근에 있는 숲 등으로 이동하여 생활한다. 교미 등의 교배행동은 주로 낮에 이루어지고, 자웅이 연결상태로 식물조식 내에 산란한다. 성충은 4월 하순에서 9월 사이에 관찰된다.

### ◉ 분포
한국, 일본, 중국

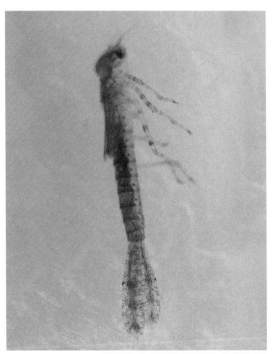

사진 65-1. 등검은실잠자리 유충(측면)

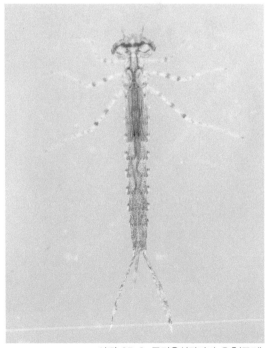

사진 65-2. 등검은실잠자리 유충(등면)

림 65-3. 등검은실잠자리 성충(우)

사진 65-4. 등검은실잠자리 성충(♂)

사진 65-5. 등검은실잠자리(산란)

사진 65-6. 등검은실잠자리(짝짓기)

## 66. 큰등줄실잠자리 *Cercion plagiosum* (Needham)

절지동물문〉곤충강〉잠자리목〉실잠자리과
ARTHROPODA〉Insecta〉Odonata〉Coenagrionidae

### ◉ 특징
종령 유충의 체장은 16~21mm내외이다. 옆 및 중앙 꼬리아가미의 길이는 6~8mm내외이다. 제7마디 옆무늬는 등검은실잠자리에 비해 작고 불규칙하며 꼬리아가미의 분지는 많고 뚜렷하여 다른 실잠자리 유충과 구별이 용이하다. 성충의 배길이는 33~35mm, 뒷날개 길이는 25~27mm정도로 등줄실잠자리보다 훨씬 크다. 성숙하면 수컷은 파란색, 암컷은 황녹색이 된다. 암수 모두 배등에 검은색 무늬가 있다.

### ◉ 생태
유충의 주서식지는 강 하류의 수초가 많은 장소이지만, 소류지나 논의 관개용 물웅덩이 등에도 서식한다. 유충의 채집은 용이하지 않다. 유충으로 월동하며, 우화한 개체는 수역을 벗어나 부근 숲에서 활동한다. 성숙하면 수컷은 부엽식물의 잎 위나 추수식물의 줄기 등에서 세력권을 형성하며 암컷을 기다린다. 산란은 암수가 연결상태로 하며, 알을 수면 위의 식물조직 내에 한다. 성충은 5월부터 8월까지 관찰된다.

### ◉ 분포
한국(중부이남), 일본, 중국

사진 66-1. 큰등줄실잠자리 유충(등면)

사진 66-2. 큰등줄실잠자리 유충(마디와 꼬리 특징)

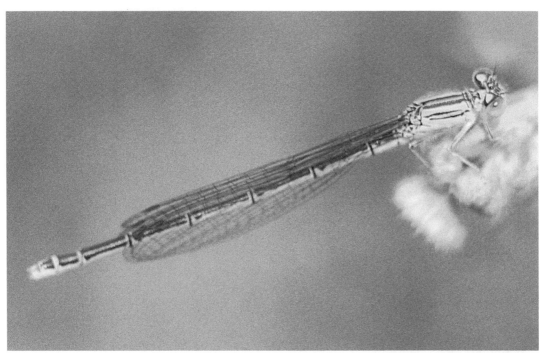

사진 66-3. 큰등줄실잠자리 성충(우)

사진 66-4. 큰등줄실잠자리 성충(♂)

# 67. 아시아실잠자리 *Ischnura asiatica* (Brauer)

절지동물문〉곤충강〉잠자리목〉실잠자리과
ARTHROPODA〉Insecta〉Odonata〉Coenagrionidae

◉ **특징**

종령 유충의 체장은 11~13mm내외이고, 옆 및 중앙 꼬리아가미의 길이는 4~5mm내외이다. 겹눈사이에 검은색의 물결무늬가 규칙적이고 뚜렷한 것이 본종이고, 흐릿하고 불분명하여 옅은 노란색이 남아시아실잠자리로 쉽게 구별된다. 성충의 배길이는 21~24mm, 뒷날개 길이는 12~19mm이다. 수컷은 몸 전체가 청록색이며 앞가슴 등면에 2줄의 가는 청록색 줄무늬가 있고, 옆가슴에는 일직선으로 흑색 줄무늬가 등면에 나 있다. 암컷은 우화직전 몸 전체가 적색 바탕에 등면 중앙부에 흑색 줄이 있으나 성숙하면서 몸 전체가 녹색을 띠는 녹색형과 황등색형의 두 가지 형이 있다. 본종은 남아시아실잠자리와 비슷하지만 약간 소형이고, 수컷은 배에 있는 청색부의 위치(본종은 제9절, 남아시아실잠자리는 제8절), 암컷은 제1배마디의 등쪽이 본종은 검은 것(남아시아실잠자리는 옅은색)으로 구별할 수 있다.

◉ **생태**

주로 저수지, 물웅덩이, 온수로 및 하천에서 유충으로 월동하여 1차 우화 후, 산란은 논에서도 이루어지므로 논에서 흔히 채집된다. 성충으로 월동하는 종을 제외하고, 봄에 가장 빨리 우화한다. 유충으로 활동하며, 산란은 암컷이 단독으로 식물조직 내에 산란한다. 성충은 5월에서 9월 사이에 관찰된다.

◉ **분포**

한국, 일본, 중국, 만주, 대만, 러시아

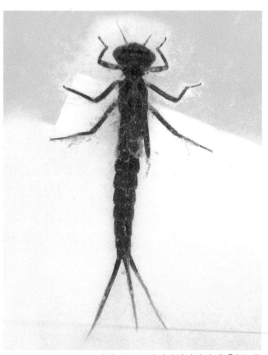

사진 67-1. 아시아실잠자리 유충(등면)

사진 67-2. 아시아실잠자리 유충(측면)

사진 67-3. 아시아실잠자리(짝짓기)

림 67-4. 아시아실잠자리(미성숙 성충우)

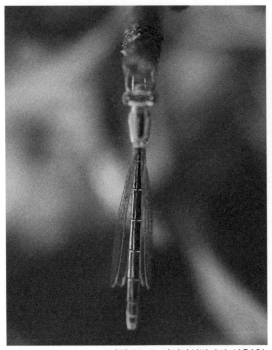

사진 67-5. 아시아실잠자리 성충(우)

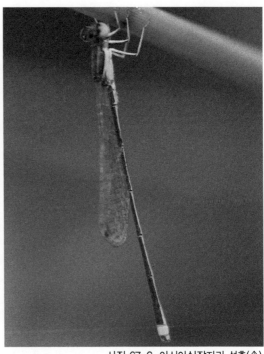

사진 67-6. 아시아실잠자리 성충(♂)

## 68. 남아시아실잠자리 *Ischnura senegalensis* (Ramber)

절지동물문〉곤충강〉잠자리목〉실잠자리과
ARTHROPODA〉Insecta〉Odonata〉Coenagrionidae

### ◉ 특징
종령 유충의 체장은 11~13mm내외이고, 옆 및 중앙 꼬리아가미의 길이는 5~6mm내외이다. 겹눈사이에 검은색의 물결무늬가 흐릿하고 불분명하며 옅은 노란색이 본종이고, 규칙적이며 뚜렷한 것이 아시아실잠자리이다. 성충의 체장은 32mm, 배길이는 23~25mm, 뒷날개 길이는 15~18mm로 암수 거의 비슷한 크기이다. 체색은 암수 서로 다르며, 수컷의 바탕색은 청록색으로 등면은 검고, 제8배마디에 선명한 청색무늬가 있는 것이 특징이다. 암컷은 바탕색이 주황색-갈색으로 등면은 거의 흑색이지만, 수컷과 같은 체색을 가지는 형이 있다.

### ◉ 생태
주로 저수지, 물웅덩이, 온수로 등에 많고, 특히 논에서 채집되는 실잠자리 중 가장 많은 종이다. 미숙한 개체는 암수 모두 수변에서 떨어진 부근의 잡목림 등에서 활동하고, 성숙하면 수변으로 돌아온다. 암컷은 단독으로 추수식물의 줄기 등에 산란한다. 성충은 4월 하순에서 9월 상순에 관찰된다.

### ◉ 분포
한국을 포함한 아시아에서 아프리카에 걸쳐 광범위하게 분포

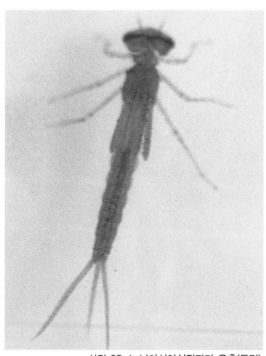

사진 68-1. 남아시아실잠자리 유충(등면)

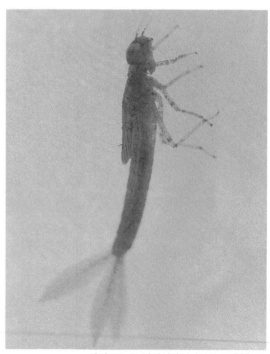

사진 68-2. 남아시아실잠자리 유충(측면)

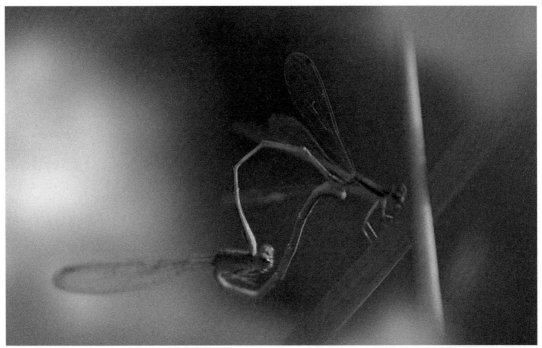

사진 68-3. 남아시아실잠자리(짝짓기)

림 68-4. 남아시아실잠자리(우)

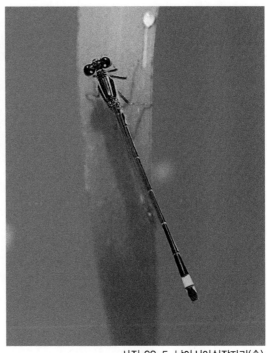

사진 68-5. 남아시아실잠자리(♂)

## 69. 참실잠자리 *Coenagrion concinnum* (Johansson)

절지동물문〉곤충강〉잠자리목〉참실잠자리과
ARTHROPODA〉Insecta〉Odonata〉Coenagrionidae

### ◉ 특징
종령 유충의 체장은 12~14.5mm내외이고, 옆 및 중앙 꼬리아가미의 길이는 5~6mm내외이다. 성충 수컷의 배길이는 24~26mm, 뒷날개 길이는 18~21mm이고, 암컷의 배길이는 22~25mm, 뒷날개 길이는 19~23mm이다. 성충은 담청색바탕에 넓은 흑색띠무늬 3개가 일정한 간격으로 있고 마지막 2개는 거의 붙어 있으며, 끝 두마디는 검은 무늬가 없다.

### ◉ 생태
구릉지나 곡간지의 물 흐름이 미미한 온수로, 담수 휴경지 등에 많이 서식하고, 특히 교미시기에는 군집으로 일제히 번식활동을 하기 때문에 아름답다.

### ◉ 분포
한국(경기도 화성군, 충북 옥천군), 중국, 만주, 시베리아

사진 69-1. 참실잠자리 유충(등면)

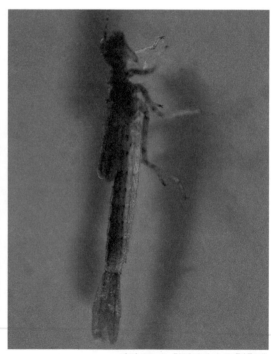

사진 69-2. 참실잠자리 유충(측면)

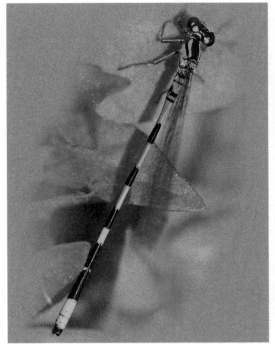

사진 69-3. 참실잠자리 성충(♂)

사진 69-4. 참실잠자리 성충(♀)

사진 69-5. 참실잠자리 성충(휴식)

사진 69-6. 참실잠자리 유충(집단 짝짓기)

## 70. 북방실잠자리 *Coenagrion lanceolatum* (Selys)

절지동물문〉곤충강〉잠자리목〉실잠자리과
ARTHROPODA〉Insecta〉Odonata〉Coenagrionidae

### ◉ 특징
종령 유충의 체장은 12~14mm내외이고, 옆 및 중앙 꼬리아가미의 길이는 5~6mm내외이다. 체색은 갈색이고, 등에는 중앙에 등줄이 있고, 특히 측면 꼬리아가미의 반이 넘는 지점에 가로로 잘린 듯한 선이 있고, 뒷부분의 가장자리에 긴털이 나 있다. 성충의 배 길이는 24~28mm, 뒷날개 길이는 18~22mm이다. 수컷은 담청색 바탕에 앞가슴과 배마디에 검은 띠무늬가 있고, 띠무늬는 끝으로 갈수록 넓어지며, 제8, 9 배마디는 담청색이다. 암컷은 황록색 바탕에 검은 띠무늬가 있다.

### ◉ 생태
유충은 구릉지나 곡간지의 연못, 물웅덩이, 곡간답의 온수로, 담수 휴경지 등에 많이 서식하고, 교미시에는 군집으로 일제히 번식활동을 한다. 암수 연결상태로 수면부근의 수생식물의 조직 내에 산란을 하지만, 암컷 단독으로 산란하는 경우도 있다. 성충은 6월에서 7월에 관찰된다.

### ◉ 분포
한국, 일본, 중국, 시베리아, 사할린
※ 채집지: 충북 괴산군 소수면 길선1리, 경기도 화성군 봉담면 상기리, 충북 옥천군 청성면 삼남리

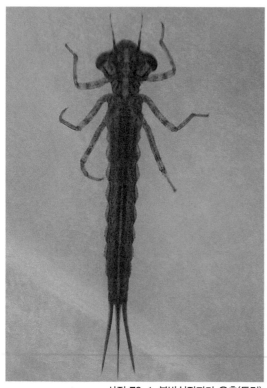

사진 70-1. 북방실잠자리 유충(등면)

사진 70-2. 북방실잠자리 유충(측면)

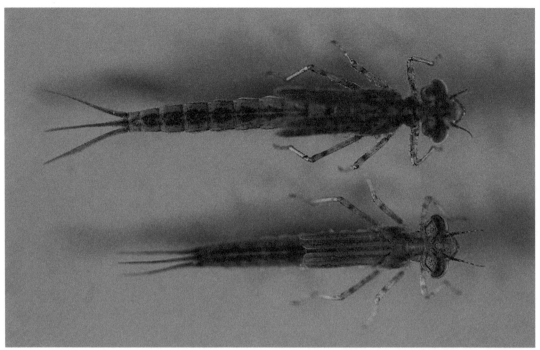

사진 70-3. 상: 북방실잠자리, 하: 참실잠자리

사진 70-4. 북방실잠자리 유충(꼬리아가미)

사진 70-5. 북방실잠자리 유충(머리)

절지동물문〉곤충강〉잠자리목〉왕잠자리과
ARTHROPODA〉Insecta〉Odonata〉Aeshnidae

### ◉ 특징
종령 유충의 체장은 45㎜내외이다. 머리의 측편이 뒤쪽으로 갈수록 급격히 좁아지고, 배의 등면에 한 쌍의 담색줄무늬가 있다. 제8-9배마디에 등가시가 없어 유사종인 큰무늬왕잠자리와 구별된다. 성충의 체장은 70㎜, 배길이는 52㎜, 뒷날개 길이는 45㎜ 내외이다. 체색은 선명한 청록색 바탕에 앞가슴과 배마디 등면에 굵고 뚜렷한 흑색줄무늬가 뚜렷하다.

### ◉ 생태
갈대나 부들이 무성한 저수지, 물웅덩이 등에 주로 서식하며, 특히 담수심이 어느정도있는 평지의 휴경논에서 다량 서식한다. 성충은 미숙·성숙 개체모두 황혼 무렵에 비행하는 습성이 있다. 5-6월에 우화하고 성숙성충은 7월을 중심으로 생식행동을 하고, 8월까지 관찰된다. 암컷은 교미 후, 단독으로 정수식물의 줄기에 산란한다.

### ◉ 분포
한국, 일본, 중국, 러시아

사진 71-1. 긴무늬왕잠자리 유충

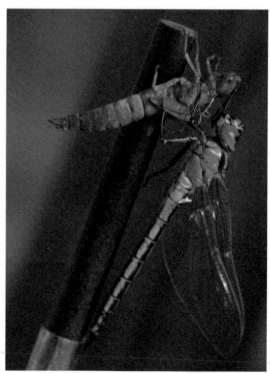

사진 71-2. 긴무늬왕잠자리 성충

## 72. 왕잠자리 *Anax parthenope julius* (Brauer)

절지동물문〉곤충강〉잠자리목〉왕잠자리과
ARTHROPODA〉Insecta〉Odonata〉Aeshnidae

### ◉ 특징
종령 유충의 체장은 38.5~45.2mm내외이고, 옆 및 중앙 꼬리아가미의 길이는 6~9mm내외이다. 체색은 연녹색이나 밝은 갈색을 띠는 것은 본종이고, 어두운 갈색을 띠는 것은 먹줄왕잠자리이다. 성충의 배길이는 53~57mm, 뒷날개 길이는 51~55mm이다. 체색은 전체적으로 녹색을 띤다. 가슴은 녹색이며 무늬가 없다. 수컷의 배는 제1, 2마디의 등면이 남색이고, 제3마디 배면의 앞쪽가장자리에 은색무늬가 있으며, 제3마디 이하는 흑갈색이고 마디마다 좌우에 옅은 세로무늬가 있다. 암컷의 배는 제1, 2마디의 등면이 황록색을 띠고 나머지는 갈색이다.

### ◉ 생태
유충은 저수지, 물웅덩이 등에 많이 서식하고 있으며, 특히 논에서 증식한다. 우화는 봄부터 늦여름까지 계속되며, 성충도 봄부터 가을까지 볼 수 있다. 성숙한 암컷은 수컷과 연결상태로 산란을 한다. 성충은 4월에서 10월까지 관찰된다.

### ◉ 분포
한국, 일본, 중국, 대만

사진 72-1. 왕잠자리 유충(등면)

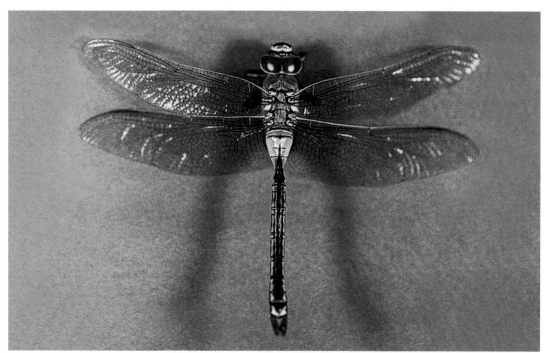

사진 72-2. 왕잠자리 성충(♂)

사진 72-3. 왕잠자리 성충(♀)

## 73. 먹줄왕잠자리 *Anax nigrofasciatus nigrofasciatus* (Oguma)

절지동물문〉곤충강〉잠자리목〉왕잠자리과
ARTHROPODA〉Insecta〉Odonata〉Aeshnidae

◉ 특징
종령 유충의 체장은 39~45mm내외이고, 옆 및 중앙
꼬리아가미의 길이는 7~10mm내외이다. 체색은 어
두운 갈색을 띠는 것은 본종이고, 연녹색이나 밝은 갈
색을 띠는 것은 왕잠자리이다.
성충 수컷의 체장은 68~85mm, 배길이는
44.5~64mm, 뒷날개 길이는 42~50mm이며, 암컷
의 체장은 64~78mm, 배길이는 43~58mm, 뒷날개
길이는 42~49.5mm이다. 왕잠자리와 비슷하지만,
흉부측면에 검은색의 줄무늬가 있다. .

◉ 생태
왕잠자리가 주로 논에서 증식되는 것과 달리, 먹줄왕
잠자리는 저수지나 물웅덩이 등에 많이 서식한다. 미
숙 성충은 발생지를 떠나서 섭식활동을 하며, 성숙 수
컷은 수역의 기슭에서 암컷을 찾는 비행을 한다. 암컷
은 단독으로 수면 가까이의 식물조직 내에 산란한다.
성충은 4월에서 9월까지 관찰된다.

◉ 분포
한국, 일본, 중국, 대만, 필리핀에서 인도네시아, 태
국, 프랑스, 네팔

사진 73-1. 먹줄왕잠자리 유충(등면)

사진 73-2. 먹줄왕잠자리 성충(우)

사진 73-3. 먹줄왕잠자리 성충(♂)

## 74. 꼬마잠자리 *Nannophya pygmaea* (Rambur)

절지동물문〉곤충강〉잠자리목〉잠자리과
ARTHROPODA〉Insecta〉Odonata〉Libelluidae

### ◉ 특징
종령 유충의 체장은 8.2㎜(두폭: 3.2㎜) 내외이다. 체색은 담갈색으로, 몸의 표면에 진흙이 묻어있는 것이 많다. 성충의 체장은 18㎜, 배길이는 수컷이 11~14㎜, 암컷이 11~12㎜, 뒷날개 길이는 13~16㎜이다. 국내에서 가장 작은 잠자리이다. 암수의 체색과 연문이 다르고, 수컷은 등갈색으로 거의 무늬가 없고, 성숙하면 붉은색을 띤다. 암컷은 황색, 갈색, 흑색의 가로줄무늬가 있다. 몸은 매우 작기 때문에 다른 잠자리류와 쉽게 구별할 수 있다.

### ◉ 생태
구릉지의 계곡에서 물이 유입되는 휴경논으로서 다년간 휴경하여 수심이 얕고 늪지화된 곳에서만 서식하고, 유충으로 월동하며 년중 물이 있는 곳이어야 한다. 우화시기는 6~8월이다. 미성숙 개체는 우화 후 15~20일이 지나면 성숙해진다. 교미 후 암컷은 단독으로 늪지대, 농수로, 휴경논을 돌아다니며 산란한다. 낮 기온이 최고에 이르면 풀줄기 끝에서 물구나무서듯 배를 하늘 높이 쳐드는 행동을 하는데, 이는 몸에 닿는 햇볕의 면적을 최대한 줄여 체온을 조절하는 행동이다. 성충은 5월에서 10월경까지 관찰된다.

### ◉ 분포
한국, 일본, 중국, 대만, 인도네시아, 필리핀, 네팔

사진 74-1. 꼬마잠자리 유충(등면)

사진 74-2. 꼬마잠자리 성충(짝짓기)

사진 74-3. 꼬마잠자리성충(♀)

사진 74-4. 꼬마잠자리성충(♂)

## 75. 고추잠자리 *Crocothemis servilia servilia* (Drury)

절지동물문〉곤충강〉잠자리목〉잠자리과
ARTHROPODA〉Insecta〉Odonata〉Libelluidae

◉ **특징**
종령 유충의 체장은 17~20㎜이다. 체색은 흑녹색을 띠며, 특히 등가시가 없어 다른 종과 구별이 용이하다. 성충의 배길이는 28~32㎜, 뒷날개 길이는 33~36㎜로 암수의 크기가 비슷하고, 머리폭은 7㎜정도이다. 몸에는 털이나 돌기가 없다. 암컷과 수컷의 체색이 다르며, 갓 우화한 성충은 암수 모두 가슴이 황색이고 배는 주황색이지만, 성숙하면서 수컷은 가슴이 갈색으로 변하고 배는 전체가 빨간색으로 변하고, 암컷은 희미한 주황색으로 변한다.

◉ **생태**
유충은 저수지, 온수로, 물웅덩이에서 월동한다. 성충은 6~7월에 출현하여 고산지대로 이동한다. 여름에는 산꼭대기 부근에서 무리지어 활동하다가 기온이 내려가면 다시 산아래로 내려과 물가나 연못에서 알을 낳는다. 교미 후, 암컷은 수컷의 보호를 받으며 배끝으로 수면을 치며 산란한다. 암컷은 세력권을 옮겨가며 다른 수컷들과 여러번 교미와 산란을 반복하는 습성이 있다. 성충은 4월에서 10월까지 관찰된다.

◉ **분포**
한국, 일본, 중국, 몽고, 대만, 동남아시아, 인도

사진 75-1. 고추잠자리 유충(등면)

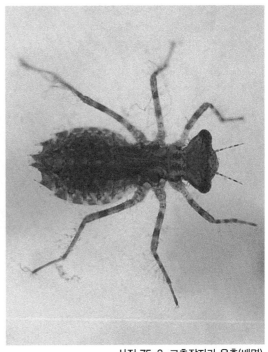

사진 75-2. 고추잠자리 유충(배면)

사진 75-3. 고추잠자리 성충(우)

사진 75-4. 고추잠자리 성충(☆)

## 76. 밀잠자리 *Orthetrum albistylum speciosum* (Uhler)

절지동물문〉곤충강〉잠자리목〉잠자리과
ARTHROPODA〉Insecta〉Odonata〉Libelluidae

**◉ 특징**

종령 유충의 체장은 18~23㎜이다. 다리와 몸통에 털이 많으며, 몸통의 뒤쪽 절반이 짙은 담갈색을 띠므로 다른 밀잠자리속의 종과 구별된다. 성충의 배길이는 32~40㎜, 뒷날개 길이는 36~43㎜이다. 수컷은 회청색 계통이고, 암컷은 담황색 바탕에 검은 무늬가 있다. 수컷의 가슴은 회색이며 흰가루가 덮여 있고 검은 줄무늬가 있다. 배는 제1~6마디가 밝은 회청색으로 무늬가 없고 흰가루가 덮여 있고, 제7마디는 검고, 부속기는 흰색이다. 암컷은 제1~6배마디가 담황색이고, 제7~9배마디는 검고, 부속기는 흰색이다.

**◉ 생태**

유충은 저수지, 연결수로, 물웅덩이, 온수로 등에서 월동한다. 미성숙성충은 발생지부근의 임연이나 풀숲에서 발견된다. 암컷은 물 가까이에서 정지비행을 하며 배 끝을 수면에 쳐서 산란한다. 성충은 4월에서 10월까지 관찰된다..

**◉ 분포**

한국, 일본, 중국, 대만, 러시아, 만주

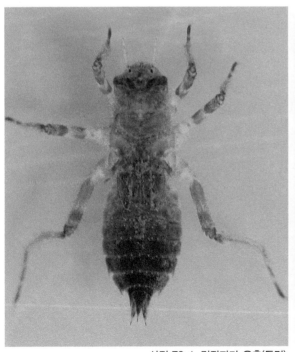

사진 76-1. 밀잠자리 유충(등면)

사진 76-2. 밀잠자리 유충(구기 돌출)

사진 76-3. 밀잠자리 성충(♂, 표본)

사진 76-4. 밀잠자리 성충(♂, 살아있는 형태와 색깔)

사진 76-5. 밀잠자리 성충(♀표본)

사진 76-6. 밀잠자리(우화각)

절지동물문〉곤충강〉잠자리목〉잠자리과
ARTHROPODA〉Insecta〉Odonata〉Libelluidae

### ◉ 특징
종령 유충의 체장은 18.2~23mm이다. 다리와 몸통에 털이 많으며, 몸통에 등가시가 있어 다른 밀잠자리속의 종과 구별된다. 성충의 배길이는 34~37mm, 뒷날개 길이는 37~42mm이다. 성숙한 수컷은 회청색을 띠며, 암컷은 몸이 황색이며 가슴에 검은 줄무늬가 있다. 수컷의 배에는 흰가루가 덮여있고, 맨끝은 흰가루가 없고 흑색이다. 암컷의 배에는 좌우에 흑색 줄무늬가 있으며, 뒤쪽으로 갈수록 굵어지며 마지막 3마디는 검다.

### ◉ 생태
유충은 곡간지의 농업용수 이용 하천, 논내 물이 나서 흐르는 온수로 등에서 월동한다. 산란은 수컷이 암컷 위를 날아다니면서 경호하고, 암컷은 밀잠자리와 같이 배 끝을 수면에 쳐서 산란한다. 밀잠자리보다 1개월 정도 늦게 우화하며, 성충은 5월에서 10월까지 관찰된다.

### ◉ 분포
한국, 일본, 중국, 대만,

사진 77-1. 큰밀잠자리 유충(액침표본)

사진 77-2. 큰밀잠자리유충(살아있는 상태)

사진 77-3. 큰밀잠자리 성충(미성숙 우, 살아있는 상태)

사진 77-4. 큰밀잠자리 성충(성숙 우, 표본)

사진 77-5. 큰밀잠자리 성충(♂, 살아있는 상태)

사진 77-6. 큰밀잠자리 성충(♂, 등면)

# 78. 중간밀잠자리 *Orthetrum japonicum* (Uhler)

절지동물문〉곤충강〉잠자리목〉잠자리과
ARTHROPODA〉Insecta〉Odonata〉Libelluidae

### ◉ 특징
종령 유충의 체장은 15~17㎜(두폭: 5㎜)이다. 다리와 몸통에 털이 많은 것이 특징이다. 같은 속의 홀쭉밀잠자리와 구별이 어렵지만, 본종이 더 작고, 가늘며 8~9배 옆마디에 작은 가시가 있어 구별할 수 있다. 성충의 체장은 42㎜, 배길이는 25~29㎜, 뒷날개 길이는 28~33㎜정도이고, 암수 거의 비슷한 크기이다. 미수한 개체는 암수 모두 황갈색 바탕에 검은색 연문이 있지만, 수컷은 성숙하면 검게 되어 백색의 가루가 두껍게 덮여있다. 날개의 기부에는 희미한 주황색 무늬가 있는 것이 특징이다.

### ◉ 생태
유충은 곡간지의 농업용수를 이용하는 하천 상류의 수심이 얕은 곳에서 서식한다. 유충은 주로 야간에 정수식물의 줄기나 잎 뒷면에서 우화한다. 우화 후의 새로운 성충은 새벽에 날아올라 우화수역을 떠나 꽤 덜어진 곳까지 이동하기도 한다. 성숙하면 물가로 돌아오고, 수컷은 정수식물이나 기슭의 지면에 몸을 붙여서 세력권을 형성한다. 교미는 가까운 지면이나 풀 등에 정지한 상태로 하며, 교미 후 암컷은 단독으로 식물이 무성한 얕은 수역의 수면을 치면서 산란한다.

### ◉ 분포
한국, 일본, 중국, 대만, 인도

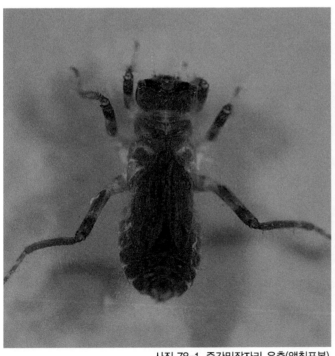

사진 78-1. 중간밀잠자리 유충(액침표본)

사진 78-2. 중간밀잠자리(우화각)

사진 78-3. 중간밀잠자리 성충(♂)

사진 78-4. 중간밀잠자리 성충(♀)

사진 78-5. 중간밀잠자리(♂)

절지동물문〉곤충강〉잠자리목〉잠자리과
ARTHROPODA〉Insecta〉Odonata〉Libellulidae

### ◉ 특징

종령 유충의 체장은 18mm내외이다. 몸은 갈색 바탕에 중앙선을 따라 잔털이 많으며, 짧은 옆가시가 제8, 9 마디에 있다. 측면 강모는 6개, 중면 강모는 6쌍으로 길다. 성충의 배길이는 28~33mm, 뒷날개 길이는 33~38mm정도이다. 성충 수컷의 체색은 청회색이며, 날개 끝은 검정무늬가 있으며, 날개 앞쪽은 연노랑 색을 띤다. 배의 등면 중앙선을 따라 가느다란 흑색 줄무늬가 배끝까지 이른다.

### ◉ 생태

유충의 주서식지는 평지의 저수지 및 연못 밑, 논 옆의 수로 등이다. 산란은 암컷 단독으로 수면을 치면서 한다.

### ◉ 분포

한국, 일본, 중국

사진 79-1. 홀쪽밀잠자리 성충(♂)

사진 79-2. 홀쪽밀잠자리 성충(우, 뒷면)

사진 79-3. 홀쪽밀잠자리 성충(우, 측면)

## 80. 배치레잠자리 *Lyriothemis pachygastra* (Selys)

절지동물문〉곤충강〉잠자리목〉잠자리과
ARTHROPODA〉Insecta〉Odonata〉Libelluidae

### ◉ 특징
종령 유충의 체장은 14~16mm이다. 다리와 몸통에 털
이 많은 것이 특징이고, 봄은 밀잠자리속보다 소형으
로 특히 등가시가 크고 뒤쪽으로 휘어져 있다. 성충의
배길이는 20~25mm, 뒷날개 길이는 27~30mm정도이
다. 배가 납작하고 폭이 넓어 짤막하게 보인다. 미숙
시에는 암수 모두 몸은 노란색 바탕에 갈색의 연문이
있지만, 성숙하면서 수컷은 검은색에서부터 청회색으
로 변한다. 암컷은 전체적으로 진노랑이며 가슴에는
암갈색 줄무늬가 있으나 뚜렷하지 않고, 배 중앙과 옆
가장자리에 검은 줄무늬가 있다.

### ◉ 생태
유충은 논내 온수로, 담수 휴경논에 많이 서식한다.
미숙 성충은 발생지 주변의 초원에서 볼 수 있다. 성
숙 수컷은 수변의 풀 등에 정지하여 세력권을 만들고,
암컷은 수심이 얕은 웅덩이에서 배 끝으로 수면을 치
면서 산란한다. 성충은 5월 하순에서 8월 상순까지 관
찰된다.

### ◉ 분포
한국, 일본, 중국, 러시아

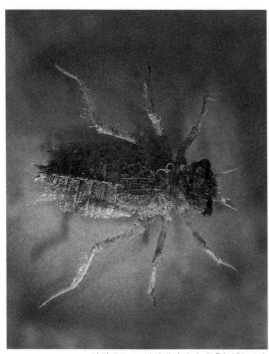

사진 80-1. 배치레잠자리 유충(액침표본)

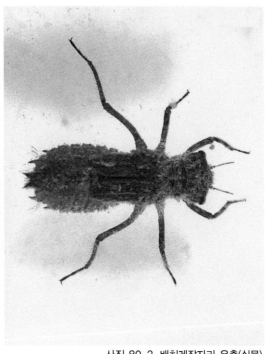

사진 80-2. 배치레잠자리 유충(실물)

사진 80-3. 배치레잠자리 성충(우, 표본)

사진 80-4. 배치레잠자리 성충(미성숙♂, 표본)

사진 80-5. 배치레잠자리 성충(성숙 ♂, 실물)

사진 80-6. 배치레잠자리(우화각)

80-7. 배치레잠자리(짝짓기)

절지동물문〉곤충강〉잠자리목〉잠자리과
ARTHROPODA〉Insecta〉Odonata〉Libellulidae

### ◉ 특징
종령 유충의 체장은 22㎜내외이다. 체색은 머리와 날개는 암갈색, 배의 등면은 엷은 노랑바탕에 암갈색 무늬가 있다. 제3~8배마디에 등가시가 있고, 옆가시가 짧다. 성충의 배길이는 29㎜, 뒷날개 길이는 36㎜정도이다. 체색은 암수가 같으며, 머리는 노란색이고, 가슴은 회황색으로 옆가슴에 2개의 검은 줄이 있다. 배는 굵고 넓적하며 등면은 노란색이다. 각각의 날개 결절(結節) 위에 작은 흑갈색 점이 있다.

### ◉ 생태
유충의 주서식지는 평지의 저수지, 연못이지만, 수심이 있는 온수로 및 휴경논 등에도 서식한다. 암수가 공중에서 교미하고, 교미가 끝나면 암컷 단독으로 늪이나 습지의 웅덩이에 물을 배로 치면서 산란한다. 성체는 5월부터 8월까지 관찰된다.

### ◉ 분포
한국, 일본, 중국, 시베리아, 유럽, 북아메리카

사진 81-1. 넉점박이잠자리 성충(♂, 표본)

사진 81-2. 넉점박이잠자리 성충(우, 표본)

사진 81-3. 넉점박이잠자리 성충(앞면, 실물)

사진 81-4. 넉점박이잠자리 성충(등면, 실물)

사진 81-5. 넉점박이잠자리 서식지(온수로)

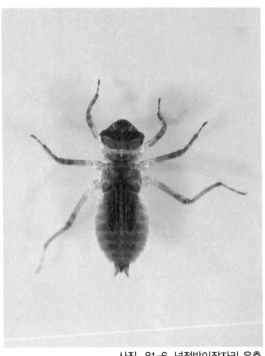

사진 81-6. 넉점박이잠자리 유충

## 82. 밀잠자리붙이 *Deielia phaon* (Selys)

절지동물문〉곤충강〉잠자리목〉잠자리과
ARTHROPODA〉Insecta〉Odonata〉Libelluidae

### ◉ 특징
종령 유충의 체장은 21~23mm이다. 다리와 몸통에 털이 거의 없고, 다리에 띠무늬와 몸의 등무늬가 선명하다. 성충의 체장은 38~48mm, 배길이는 24.5~32.5mm, 뒷날개 길이는 29~38.5mm정도이다. 배가 납작하고 폭이 넓어 짤막하게 보인다. 미숙 성충은 황색 바탕에 검은 연문이 있고, 성숙 후 검은색으로 되고, 흰가루가 생긴다. 암컷은 수컷과 비슷한 동일 색형과 황색의 두가지 형이 있다. 암컷의 날개는 앞뒷날개의 갈색대가 없어지는 경향이 있다.

### ◉ 생태
유충은 저수지, 물웅덩이, 담수 휴경논에서 서식한다. 유충은 주로 야간에 수변 식물의 가는 줄기나 잎 뒤 등에서 우화한다. 미숙 성충은 우화수역을 그다지 떠나지 않고, 주변의 초원에서 발견된다. 성숙 수컷은 낮 동안 수면 가까이서 활발히 비행하면서 세력권을 만든다. 교미는 일몰 전후에 많이 관찰된다. 교미 후 암컷은 단독으로 수면에 떠있는 부엽식물 등에 배를 쳐서 산란하고, 알은 수변으로부터 조금 잠겨있는 식물의 줄기나 잎, 부유물 등에 부착한다.

### ◉ 분포
한국, 일본, 중국, 러시아, 대만

사진 82-1. 밀잠자리붙이 유충(실물)

사진 82-2. 밀잠자리붙이(우화각)

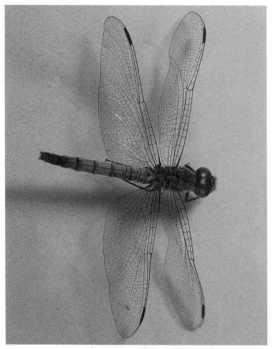

사진 82-3. 밀잠자리붙이 성충(미성숙 ♂)

사진 82-4. 밀잠자리붙이 성충(미성숙 우)

사진 82-5. 밀잠자리붙이(성숙 ♂, 실물측면)

사진 82-6. 밀잠자리붙이(성숙 우, 실물후면)

## 83. 노란잠자리 *Sympetrum croceolum* (Selys)

절지동물문〉곤충강〉잠자리목〉잠자리과
ARTHROPODA〉Insecta〉Odonata〉Libelluidae

◉ **특징**
종령 유충의 체장은 17~21mm이다. 체색은 담갈색, 몸 전체에 흑갈색 무늬가 많다. 성충의 체장은 38~46.5 mm, 배길이는 25~31.5mm, 뒷날개 길이는 26.5~32mm 정도이다. 암수 모두 몸 전체가 노란색이며, 뚜렷한 무늬가 없다. 성숙한 수컷은 희미하게 붉어진다.

◉ **생태**
유충은 저수지, 연못, 물웅덩이 등에 서식한다. 우화는 7월 상순부터 시작하고, 성충은 12월까지 관찰된다. 수컷은 수변에 있는 가지 등의 끝에 정지하여 세력권을 만들고, 암컷은 수컷과 연결한 상태로 수면을 배로 치면서 산란한다.

◉ **분포**
한국, 일본, 중국, 러시아
※ 채집지: 횡성군 둔내면 물웅덩이

사진 83-1. 노란잠자리

사진 83-2. 노란잠자리(성숙 ♀, 표본)

사진 83-3. 노란잠자리(성숙 ♂, 실물)

## 84. 진노란잠자리 *Sympetrum uniforme* (Selys)

절지동물문〉곤충강〉잠자리목〉잠자리과
ARTHROPODA〉Insecta〉Odonata〉Libellulidae

### ◉ 특징
종령 유충의 체장은 21㎜내외이다. 체색은 담황색 및 담갈색을 띠며 흑갈색의 반문이 있고, 측편의 강모가 13개이다. 성충의 체장은 50㎜, 배길이는 31~36㎜, 뒷날개 길이는 33~39㎜정도이다. 체색은 전체가 선명한 등황색이다. 날개 전체도 엷은 오렌지색이다.

### ◉ 생태
유충의 주서식지는 평지의 개방된 저수지, 연못 등이지만, 곡간지 휴경논의 수심이 15 cm 이상 유지되는 곳에서도 출현한다. 미숙 개체는 우화 수역으로부터 조금 떨어진 숲의 수관부나 임연의 초지 등에서 활동한다. 교미한 암수는 연결 상태로 수면이나 물가의 진흙에 배를 찔러 넣어 산란한다. 성체는 7월 중순부터 11월까지 관찰된다.

### ◉ 분포
한국, 일본, 중국

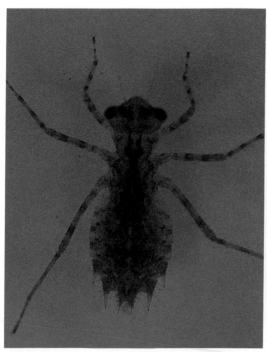

사진 84-1. 진노란잠자리 유충

사진 84-2. 진노란잠자리(우화각)

사진 84-3. 진노란잠자리 성충(♂, 표본)

사진 84-4. 진노란잠자리 성충(우, 실물)

## 85. 나비잠자리 *Rhyothemis fuliginosa* (Selys)

절지동물문〉곤충강〉잠자리목〉잠자리과
ARTHROPODA〉Insecta〉Odonata〉Libelluidae

◉ **특징**
종령 유충의 체장은 13~15mm이다. 체색은 황갈색, 날개는 흑갈색으로 다리는 유난히 길며 밀잠자리속과는 달리 짧은 털이 촘촘히 있다. 성충의 체장은 40~45mm, 배길이는 23~24.8mm, 뒷날개 길이는 34.5~36mm 정도이다. 몸 전체가 흑색을 띠며, 날개는 앞뒷날개 모두 날개 끝을 제외하고 청남색 또는 흑녹색을 띠고 있어 구별이 쉽다.

◉ **생태**
유충은 저수지, 연못, 물웅덩이 등에 서식하며, 남부지방에서는 흔히 채집된다. 유충으로 월동하며, 미숙 성충은 집단으로 연못 부근의 높은 나무 위를 선회하듯 비행하는 일이 많다. 성숙하면 수면 위로 나와 있는 가지 등의 끝에 앉아서 암컷을 기다린다. 교미는 날면서 때로는 정지상태로 한다. 암컷은 단독으로 수면을 치면서 산란한다. 성충은 6월부터 8월까지 나타나며, 초여름에 자주 관찰된다.

◉ **분포**
한국, 일본, 중국

사진 85-1. 나비잠자리 성충(우, 실물)

85-2. 나비잠자리 성충(우, 실물)

사진 85-3. 나비잠자리 성충(♂)

사진 85-4. 나비잠자리 서식지(연못)

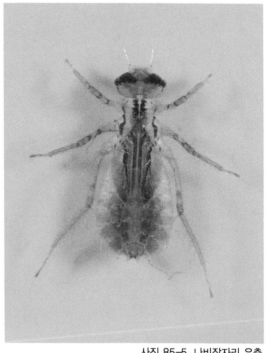

사진 85-5. 나비잠자리 유충

# 86. 된장잠자리 *Pantala flavescens* (Fabricius)

절지동물문〉곤충강〉잠자리목〉잠자리과
ARTHROPODA〉Insecta〉Odonata〉Libellulidae

◉ **특징**

종령 유충의 체장은 22㎜내외이다. 체색은 황색 및 담
갈색 바탕에 흑갈색의 도너츠 무늬가 있다. 측편의 강
모는 12개이고, 중편의 강모는 16쌍이다. 성충의 체장
은 44~50㎜, 배길이는 30~34㎜, 뒷날개 길이는
38~42㎜정도로, 암수 거의 동일한 크기이다. 체색은
투명한 오렌지색으로 배의 등면에 좁은 검은색 무늬
가 있다. 암수 거의 비슷한 체색이지만, 성숙하면 수
컷은 조금 붉은색을 더한다. 복안이 크며, 날개가 몸
에 비하여 크다.

◉ **생태**

유충의 주서식지는 평지의 개방된 저수지, 연못 등으
로 물이 있는 곳이면 어디서나 증식을 한다. 성충이나
난은 월동하지 못하며, 매년 봄에 남쪽에서 계절풍과
함께 날아와서 전국적으로 일시에 증식한다. 우화한
새로운 성충은 논이나 초원 등의 상공을 비행하고, 때
로는 다수가 무리지어 난다. 성숙한 수컷은 수면 위를
날면서 세력권을 형성하고, 교미도 날면서 한다. 교미
후, 암수는 연결상태로 또는 암컷 단독으로 물을 치면
서 산란한다. 알이나 유충의 성장이 빨라서 1-5 개월
이면 우화한다. 성충은 5월부터 9월까지 관찰된다.

◉ **분포**

한국, 일본, 중국, 전세계의 열대 및 아열대

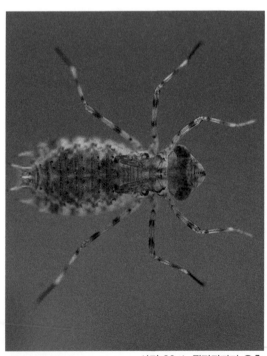

사진 86-1. 된장잠자리 유충

사진 86-2. 된장잠자리 유충(종령)

86-3. 된장잠자리 성충(우, 표본)

사진 86-4. 된장잠자리 성충(♂, 표본)

86-5. 된장잠자리 성충(초봄 이주형)

사진 86-6. 된장잠자리 성충(9월초 우화형)

절지동물문〉곤충강〉잠자리목〉잠자리과
ARTHROPODA〉Insecta〉Odonata〉Libelluidae

◉ 특징

종령 유충의 체장은 17~20mm이다. 체색은 머리와 날개는 흑갈색, 몸통 등쪽은 옅은 갈색 바탕에 담황색 가는 삐침형 일자 무늬가 마디마다 2쌍씩 있다. 성충의 배길이는 29~32mm, 뒷날개 길이는 37~40mm정도이다. 성숙한 성충은 몸 전체가 흑색이며, 제2, 3배마디에는 노란색 또는 흰색 띠무늬가 있다.

◉ 생태

유충은 주로 저수지, 연못, 물웅덩이 등에 서식한다. 유충으로 월동을 하며, 6월 초순경에 우화한다. 암컷은 수면에 떠있는 나무토막 등에 배를 쳐서 산란한다. 산란 후, 그 나무토막에 많은 알이 붙어있는 것을 볼 수 있다. 성충은 6월부터 9월까지 관찰된다.

◉ 분포

한국, 일본, 중국, 대만

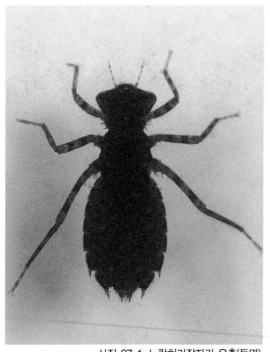

사진 87-1. 노란허리잠자리 유충(등면)

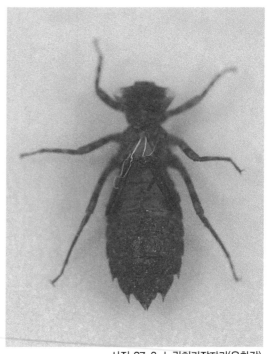

사진 87-2. 노란허리잠자리(우화각)

사진 87-3. 노란허리잠자리 성충(우, 표본)

사진 87-4. 노란허리잠자리 성충(성숙 ♂, 실물)

절지동물문〉곤충강〉잠자리목〉잠자리과
ARTHROPODA〉Insecta〉Odonata〉Libelluidae

◉ 특징

종령 유충의 체장은 17~18㎜이다. 아랫입술 측편에는
짙은 갈색의 반점이 밀집해 있다. 성충의 배길이는
20~26㎜, 뒷날개 길이는 23~32㎜정도이다. 우화 초
기에 암수 모두 가슴이 황색이고, 배는 주황색이다.
성숙하면서 가슴은 갈색으로 변하며, 수컷은 배 전체
가 적색, 암컷은 배의 위쪽만 적색이 된다.

◉ 생태

저수지, 연못, 물웅덩이 등에 서식하지만, 논에서의
증식이 많다. 유충은 6~7월경에 우화하며, 우화한 성
충은 점차 높은 지대로 이동한다. 여름에는 산정부에
서 무리지어 활동하다가 기온이 내려가면 산 아래로
내려와 물가나 연못에서 산란한다. 성충은 6월부터
10월까지 관찰된다. 논에서 번식기간이 길고, 논에 가
장 잘 적응한 잠자리로써 우리나라에 개체수가 가장
많다.

◉ 분포

한국, 일본, 중국, 몽고

사진 88-1. 고추좀잠자리 유충(표본)

사진 88-2. 고추좀잠자리 성충(♂)

사진 88-3. 고추좀잠자리 성충(우)

사진 88-4. 고추좀잠자리 성충(우)

사진 88-5. 고추좀잠자리 (우, 미성숙)

## 89. 두점박이좀잠자리 *Sympetrum eroticum eroticum* (Selys)

절지동물문〉곤충강〉잠자리목〉잠자리과
ARTHROPODA〉Insecta〉Odonata〉Libelluidae

### ◉ 특징
종령 유충의 체장은 14~16㎜이다. 아랫입술 측편에는 짙은 갈색의 반점이 밀집해 있고, 특히 안쪽 측편에는 큰 1쌍의 반점이 있고, 8~9마디의 옆가시는 각각 마디 길이의 1/2, 3/4을 넘지 않게 짧고 아래로 직립해 있다. 성충의 배길이는 24~27㎜, 뒷날개 길이는 28~30㎜정도이다. 암수 체색은 고추좀잠자리와 비슷하지만, 옆가슴의 두 개의 줄무늬가 앞의 것은 진하고 뒤의 것은 매우 가늘고 희미한 것이 다르다. 암컷은 배의 점무늬가 진하다. 암컷 중에는 날개 끝에 깃동을 가진 개체도 있다.

### ◉ 생태
논에서 증식이 많이 이루어진다. 미숙개체는 우화수역 부근 임내(林內)의 햇빛이 들어오는 곳의 풀 등에서 생활한다. 교미는 수변 근처의 식물 등에서 하며, 교미 후 암컷은 단독으로 식물이 생육하고 있는 얕은 물웅덩이의 가장자리에서 공중정지, 때로는 배를 진흙에 찔러서 산란한다.

### ◉ 분포
한국, 일본, 중국, 대만

사진 89-1. 두점박이좀잠자리 유충(표본)

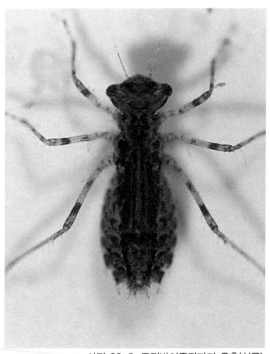

사진 89-2. 두점박이좀잠자리 유충(실물)

사진 89-3. 두점박이좀잠자리 성충(우)

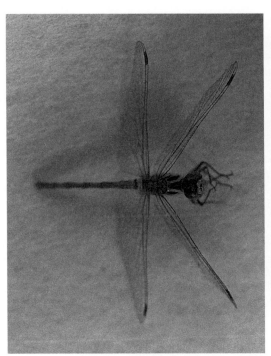

사진 89-4. 두점박이좀잠자리 (우, 미성숙)

사진 89-5. 두점박이좀잠자리 성충(♂)

사진 89-6. 두점박이좀잠자리 (짝짓기)

사진 89-7. 두점박이좀잠자리(우화각)

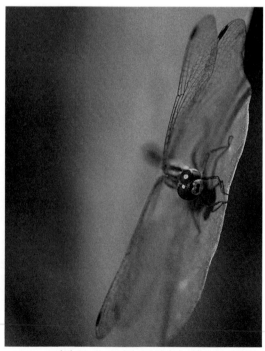

사진 89-8. 두점박이좀잠자리 성충(두부에 두점)

## 90. 깃동잠자리붙이 *Sympetrum baccha matutinum* (Ris)

절지동물문〉곤충강〉잠자리목〉잠자리과
ARTHROPODA〉Insecta〉Odonata〉Libellulidae

◉ 특징
종령 유충의 체장은 18~19㎜내외이다. 체색은 짙은 담갈색 바탕에 흰색의 무늬가 있다. 측편의 강모는 13개이고, 중편의 강모는 16쌍이며, 등가시는 4~8배마디의 등에 흔적만이 남아있다. 성충의 체장은 36~47.5㎜, 배길이는 24~32㎜, 뒷날개 길이는 29~35㎜정도이다. 날개 끝에 흑갈색의 연문이 있다. 성숙 암컷은 일반적으로 갈색을 하고 있지만, 배의 등면이 붉게 되는 개체도 있다. 성숙 수컷은 전신이 붉게 되며, 일반적으로 미반(眉斑)을 가진다.

◉ 생태
유충의 주서식지는 평지나 야산의 저수지, 연못, 논 등이지만 개체수는 많지 않다. 미성숙 성충은 발생지를 떠나 산림에서 발견되고, 성숙 수컷은 수변의 풀에 정지하여 세력권을 만든다. 산란은 암수가 연결상태로 논의 물웅덩이나 연못 등의 수면에 배를 치면서 한다. 성충은 6월 중순부터 12월 상순까지 관찰된다.

◉ 분포
한국, 일본, 중국, 러시아, 대만

사진 90-1. 깃동잠자리붙이 성충(우 실물)

사진 90-2. 깃동잠자리붙이 성충(♂실물)

# 91. 깃동잠자리 *Sympetrum infuscatum* (Selys)

절지동물문〉곤충강〉잠자리목〉잠자리과
ARTHROPODA〉Insecta〉Odonata〉Libelluidae

### ◉ 특징
종령 유충의 체장은 18.1㎜내외이다. 아랫입술 측편에
는 갈색의 반점이 밀집해 있고, 특히 중편의 앞쪽에도
소수의 반점이 있으며, 8마디의 옆가시는 길어서 9마
디를 넘고, 9마디의 옆가시는 마디폭보다 크며 꼬리
부속기에 조금 못 미친다. 등가시는 가늘고 길며, 등
은 황갈색이지만 6~9마디는 짙은 갈색이다. 성충의
배길이는 25~32㎜, 뒷날개 길이는 28~37㎜정도로
수컷이 암컷보다 조금 작다. 앞뒤날개 끝에 암갈색의
깃동이 있다. 암수 모두 가슴과 배에 흑색의 줄이 발
달해 있다. 성충 수컷은 적갈색이며, 성숙하면서 짙은
갈색으로 변한다. 암컷은 노란색이며, 성숙하면서 갈
색 기운을 띤다.

### ◉ 생태
논에서 증식이 많이 이루어지며, 최근 국내에서 개체
수가 증가하는 추세에 있다. 6월 하순경부터 우화한
다. 성숙 성충은 주로 평지에서 구릉지에 걸쳐 트여있
는 연못이나 습지, 논 등에서 발견된다. 여름에는 주
로 숲 속에서 활동하다가 가을이 되면 산란하기 위해
물가로 내려온다. 암컷은 수컷과 연결상태로 날아다
니면서 논 등에 알을 뿌리듯이 산란한다.

### ◉ 분포
한국, 일본, 중국, 러시아

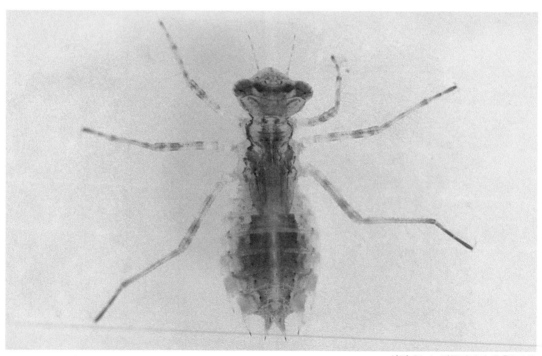

사진 91-1. 깃동잠자리 유충(표본)

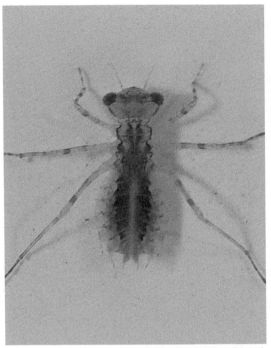

사진 91-2. 깃동잠자리 유충(실물)

림 91-3. 깃동잠자리 성충(♂)

사진 91-4. 깃동잠자리 성충(우)

사진 91-5. 깃동잠자리 성충(휴식)

## 92. 들깃동잠자리 *Sympetrum risi risi* (Bartenef)

절지동물문〉곤충강〉잠자리목〉잠자리과
ARTHROPODA〉Insecta〉Odonata〉Libelluidae

### ⊙ 특징
종령 유충의 체장은 18㎜내외이다. 체색은 머리부분과 1~5마디가 짙은 농갈색이며, 눈이 검고 9마디의 옆가시는 미부가시 끝보다 조금 길거나 같다. 성충 수컷의 체장은 35.5~44.5㎜, 배길이는 22~29.5㎜, 뒷날개 길이는 27.5~34㎜, 암컷의 체장은 31.5~41.5㎜, 배길이는 20~27.5㎜, 뒷날개 길이는 27~34㎜이다. 날개 끝에 흑갈색의 연문이 있다. 수컷의 가슴은 황색으로 성숙해도 변하지 않지만, 배는 적색으로 변한다. 암컷은 깃동잠자리와 비슷하지만 얼굴에 미반(眉斑)이 없고, 옆가슴의 제1측봉선에 있는 흑색 줄무늬가 밑에서 3/4 정도의 위치에서 끊어져 있다.

### ⊙ 생태
구릉지의 식물성 퇴적물이 있는 물웅덩이 및 연못에서 서식한다. 미숙 성충은 발생지 주변의 숲에서 주로 활동하며, 성숙 수컷은 수변의 나뭇가지 끝 등에 붙어서 세력권을 만든다. 교미 후, 암컷은 연결상태 또는 단독으로 비행하면서 산란한다. 성충은 6월 중순에서 12월 상순까지 관찰된다.

### ⊙ 분포
한국, 일본, 중국, 러시아, 만주
※ 채집지: 강원도 횡성군 둔내면 일원 관개용 물웅덩이

사진 92-1. 들깃동잠자리 유충(등면)

사진 92-2. 들깃동잠자리 성충(연결비행)

림 92-3. 들깃동잠자리 성충(♂)

# 93. 애기좀잠자리 *Sympetrum parvulum* (Bartenef)

절지동물문〉곤충강〉잠자리목〉잠자리과
ARTHROPODA〉Insecta〉Odonata〉Libelluidae

### ◉ 특징
종령 유충의 체장은 11~13mm내외이다. 체색은 짙은
황갈색이며, 눈이 검고 8~9마디의 옆가시는 매우 작
고 짧으며, 미부가시 끝도 작고 짧다. 성충의 배길이
는 20~24mm, 뒷날개 길이는 20~24mm로 암컷이 조금
더 크다. 두점박이좀잠자리와 비슷하지만 몸이 작다.
미숙 수컷은 주홍색이다. 성숙 수컷은 가슴이 노란색
이고, 배는 노란색이 섞인 붉은색이다. 배의 측면에
각 마디에 검은 점무늬가 있다. 암컷은 배의 점무늬가
넓고, 성숙하면 갈색에 가까워진다.

### ◉ 생태
수생식물이 많은 습지, 구릉지의 휴경논에 서식한다.
7월경에 우화를 시작하며, 우화한 개체는 발생지 주
변 초지 등에서 활동한다. 암컷은 교미 후, 상황에 따
라서 연결상태 또는 단독으로 배를 진흙에 찔러 넣어
산란한다. 성충은 7월에서 10월까지 관찰된다.

### ◉ 분포
한국, 일본, 중국
※ 채집지: 충북 옥천군 청성면 장수리, 경기도 화성
군 상기리

사진 93-1. 애기좀잠자리(성숙 ♂)

사진 93-2. 애기좀잠자리(성숙 우)

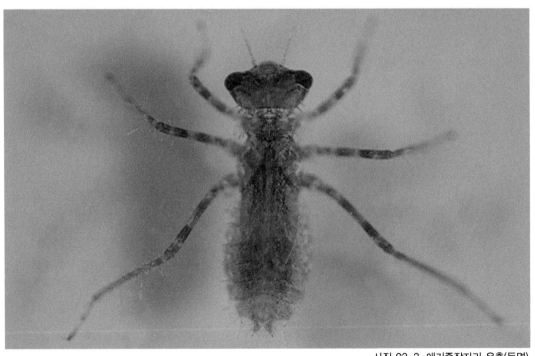

사진 93-3. 애기좀잠자리 유충(등면)

## 94. 날개띠좀잠자리 *Sympetrum pedemontanum elatum* (Selys)

절지동물문〉곤충강〉잠자리목〉잠자리과
ARTHROPODA〉Insecta〉Odonata〉Libelluidae

### ◉ 특징
종령 유충의 체장은 14~17㎜내외이다. 아랫입술 측편에 갈색 반점이 밀집해 있으며, 체색은 담갈색이고, 가슴등판에 붉은색을 띠는 것이 특징이다. 8~9마디의 옆가시는 애기좀잠자리와 함께 동속 중에서 매우 작고 짧으며, 미부가시 끝도 작고 짧다. 눈 사이에 검은 V자 무늬가 있고, 눈이 검지 않다는 특징으로 애기좀잠자리와 구별할 수 있다. 성충의 배길이는 24~28㎜, 뒷날개 길이는 27~31㎜정도이다. 미성숙 개체는 암수 모두 황갈색이다. 성숙 수컷의 체색은 가슴과 배가 붉은색이지만, 암컷은 갈색을 띤 노란색이다. 암수 모두 날개에 넓은 갈색띠가 있으나 끝에는 무늬가 없다.

### ◉ 생태
구릉지, 낮은 산과 접한 평지 논에서 주로 서식하며, 유수(流水)환경을 좋아한다. 6월경에 우화한다. 미숙 성충은 우화한 수역부근의 풀숲에 주로 있지만, 산정(山頂) 등에서도 관찰된다. 성숙 수컷은 수변에 세력권을 만들어 암컷과 교미한다. 교미 후, 암컷은 연결 상태로 수면에 배를 치면서 산란한다. 성충은 6월 하순부터 12월 초순까지 관찰된다.

### ◉ 분포
한국, 일본

사진 94-1. 날개띠좀잠자리 성충(우, 실물)

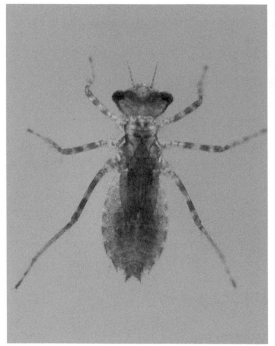

사진 94-2. 날개띠좀잠자리 유충

사진 94-3. 날개띠좀잠자리 성충(짝짓기, 측면)

사진 94-4. 날개띠좀잠자리 성충(미성숙♂, 실물측면)

## 95. 대륙좀잠자리 *Sympetrum striolatum imitoides* (Bartenef)

절지동물문〉곤충강〉잠자리목〉잠자리과
ARTHROPODA〉Insecta〉Odonata〉Libelluidae

### ◉ 특징
종령 유충의 체장은 16~18mm내외이다. 정면에서 볼 때 아랫입술에 갈색 반점이 밀집하여 있지만, 거의 없는 것도 있다. 깃동잠자리붙이와 배 및 가슴등판의 특징이 같지만 눈 사이에 V자 무늬가 뚜렷하고 날개 끝에 검은 갈색무늬가 있고, 등 중앙선 옆의 무늬만 뚜렷하다. 성충의 배길이는 26~30mm, 뒷날개 길이는 30~35mm정도이다. 성충의 크기는 고추좀잠자리와 비슷하지만 조금 더 크고, 두 날개의 앞쪽이 등황색을 띠는 것이 본종이고, 투명한 것이 고추좀잠자리이다.

### ◉ 생태
구릉지, 평지의 저수지나 연못, 물웅덩이, 온수로, 논에서 서식한다. 유충으로 월동하며, 6월경에 우화한다. 우화한 성충은 여름이 끝나기까지는 산지로 이동하여 활동하며, 가을에 수변으로 돌아온다. 교미는 연못의 주변 식물 등에 앉아서 한다. 암컷은 트인 수면에서 수컷과 연결상태로 물을 배로 치면서 산란한다.

### ◉ 분포
한국, 일본, 중국, 러시아

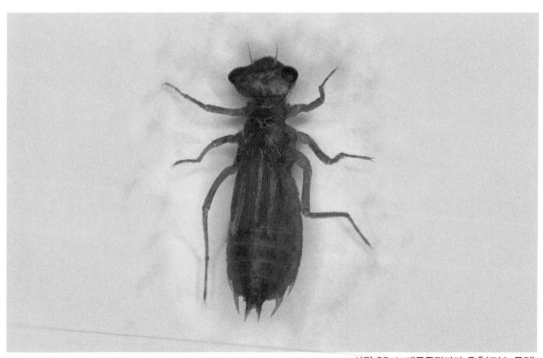

사진 95-1. 대륙좀잠자리 유충(표본, 등면)

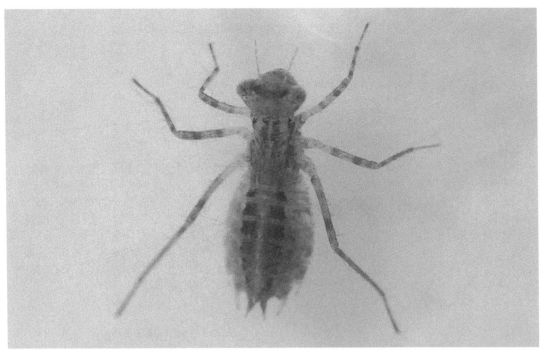

사진 95-2. 대륙좀잠자리 유충(실물, 등면)

사진 95-2. 대륙좀잠자리 성충(좌 ♂, 우 ♂)

## 96. 하나잠자리 *Sympetrum speciosum speciosum* (Oguma)

절지동물문〉곤충강〉잠자리목〉잠자리과
ARTHROPODA〉Insecta〉Odonata〉Libellulidae

◉ **특징**
종령 유충의 체장은 18-20mm내외이다. 체색은 담갈색 바탕에 짙은 갈색 반점이 있다. 성충의 체장은 38-47.5mm, 배길이는 23.5-30.5mm, 뒷날개 길이는 29-39mm 내외이다. 몸통의 옆 측선이 굵고 짙고, 날개의 몸통쪽에 붉은 무늬가 있다.

◉ **생태**
평지나 야산의 저수지, 연못, 논 등의 소형 물웅덩이에서 서식하지만, 개체수는 많지 않다. 우화는 5월경에 빨리 시작하는 개체도 있지만, 대부분은 6-7월에 한다. 미숙성충은 발생지로부터 떨어진 산림에서 활동을 하고, 성숙한 수컷은 수변의 나뭇가지 등에 정지하여 세력권을 형성한다. 암수 연결상태 또는 암컷 단독으로 물을 치면서 산란을 한다. 성충은 5월 하순부터 10월 하순까지 관찰된다.

◉ **분포**
한국(남부지방), 일본, 중국, 대만

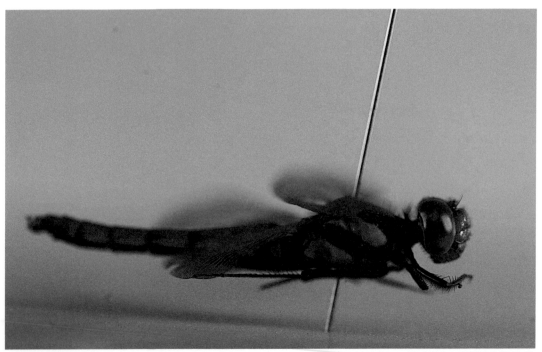

사진 96-1. 하나잠자리 성충(옆측선 특징)

사진 96-2. 하나잠자리 성충(♀)

사진 96-3. 하나잠자리 성충(♂)

## 97. 흰얼굴좀잠자리 *Sympetrum kunckeli* (Selys)

절지동물문〉곤충강〉잠자리목〉잠자리과
ARTHROPODA〉Insecta〉Odonata〉Libelluidae

### ◉ 특징
종령 유충의 체장은 14.5㎜내외이다. 아랫입술 측편
에 갈색 반점이 밀집해 있으며, 중편에도 갈색 반점의
흔적이 있다. 체색은 담갈색이고, 9마디 옆가시는 애
기좀잠자리나 날개띠좀잠자리와 같이 짧지만, 이들보
다 조금 더 길고 굵다. 가슴 등쪽의 검은 줄무늬도 더
굵다. 성충의 배길이는 22~25㎜, 뒷날개 길이는
25~28㎜정도이다. 미성숙 성충의 배는 황색이다. 성
숙한 수컷은 얼굴이 희고 푸른색을 띠며, 배는 선명한
적색이 된다.

### ◉ 생태
구릉지, 평지의 정수식물이 많은 부영양화된 저수지,
연못, 물웅덩이, 온수로, 논에서 서식한다. 6월 하순
경부터 우화를 시작한다. 미성숙 개체는 수변을 떠나
서 바람이 적은 숲 등에서 활동한다. 성숙하면 수변으
로 돌아오고, 수컷은 추수식물의 끝이나 나뭇가지 등
에서 세력권을 형성한다. 암컷은 수컷과 연결상태에
서 산란한다. 성충은 6월말부터 11월까지 관찰된다.

### ◉ 분포
한국, 일본, 중국, 러시아, 대만

사진 97-1. 흰얼굴좀잠자리 유충(표본)

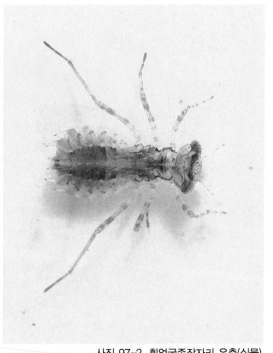

사진 97-2. 흰얼굴좀잠자리 유충(실물)

사진 97-3. 흰얼굴좀잠자리 성충(♂, 표본)

사진 97-4. 흰얼굴좀잠자리 성충(우, 표본)

사진 97-5. 흰얼굴좀잠자리 성충(♂, 흰얼굴 특징)

사진 97-6. 흰얼굴좀잠자리(우화각)

사진 97-7. 흰얼굴좀잠자리 성충(성숙 ♂, 등면)

사진 97-8. 흰얼굴좀잠자리 성충(성숙 ♂, 측면)

## 98. 여름좀잠자리 *Sympetrum darwinianum* (Selys)

절지동물문〉곤충강〉잠자리목〉잠자리과
ARTHROPODA〉Insecta〉Odonata〉Libelluidae

### ◉ 특징
종령 유충의 체장은 14~17㎜내외이다. 아랫입술 측편과 중편에 갈색 반점이 전혀 없다. 체색은 담갈색이고 제6마디부터는 더 진한 담갈색으로, 제9마디의 옆가시는 그 마디의 폭보다 길며 꼬리부속기에 달한다. 성충의 배길이는 24~27㎜, 뒷날개 길이는 25~30㎜정도이다. 체색은 고추좀잠자리와 유사하지만 가슴의 검은 줄무늬가 조금 가늘고, 배끝의 양 옆에 검은 점무늬가 있다.

### ◉ 생태
구릉지, 평지의 정수식물이 많은 부영양화된 저수지, 연못, 물웅덩이, 온수로, 논에서 서식한다. 6월 하순경부터 우화를 시작한다. 우화한 개체는 산기슭이나 산중턱에서 활동한다. 암컷은 가을에 논에서 수컷과 연결상태 또는 단독으로 정지비행하며 공중에서 산란한다. 성충은 6월 하순부터 12월 상순까지 관찰된다.

### ◉ 분포
한국, 일본, 중국, 대만

사진 98-1. 여름좀잠자리 유충(표본)

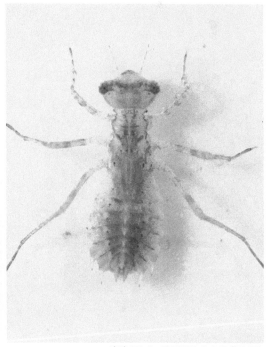

사진 98-2. 여름좀잠자리 유충(실물)

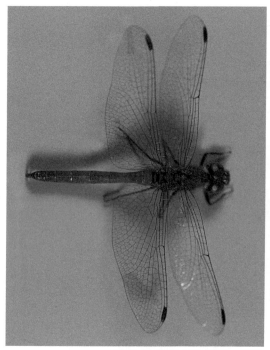

98-3. 여름좀잠자리 성충(♂, 등면)

사진 98-4. 여름좀잠자리 성충(성숙 우, 측면)

사진 98-5. 여름좀잠자리 성충(성숙 ♂, 측면)

## 99. 시베리아좀뱀잠자리 *Sialis sibirica* (MacLachlam)

절지동물문>곤충강>풀잠자리목>좀뱀잠자리과
ARTHROPODA>Insecta>Neuroptera>Sialidae

◉ 특징
종령 유충의 체장은 10-12㎜내외이다. 체색은 흑갈색에 가까우며 황색의 등줄과 긴꼬리가 있다. 성충의 체색은 검은색이고 머리는 갈색무늬가 있다. 날개는 반투명에 어두운 빛을 띠고, 시맥은 어두운 갈색이다.

◉ 생태
평지나 야산의 저수지 및 물이 흐르는 계류에 주로 서식하지만, 논에서는 물 흐름이 있는 온수로와 곡간답 휴경논에 다량 서식한다.

◉ 분포
한국, 일본, 러시아

사진 99-1. 시베리아좀뱀잠자리 유충

# 100. 국내 미기록종 *Sisyra nikkoana* (Navas)

절지동물문〉곤충강〉풀잠자리목〉시시리다에과
ARTHROPODA〉Insecta〉Neuroptera〉Sisyridae

◉ 특징
종령 유충의 체장은 5~6㎜내외이다. 체형은 장난형
이고, 몸통 끝에 많은 가시모가 있다. 머리가 유난히
작으며, 구기가 길어 다른 곤충과 구별이 용이하다.
성충의 개장(開長)은 8~12㎜정도이다. 몸과 날개는
담갈색이다.

◉ 생태
유충의 주서식지는 소류지, 물웅덩이, 저수지, 호수
등의 물이 유입되는 입구 등이다. 성충의 용이하나 유
충의 채집은 흔치 않다.

◉ 분포
한국, 일본

사진 100-1. *Sisyra nikkoana* 유충

사진 100-2. *Sisyra nikkoana* 성충

사진 100-3. *Sisyra nikkoana* 성충

# 101. 애물진드기 *Haliplus (Liaphlus) ovalis* (Sharp)

절지동물문〉곤충강〉딱정벌레목〉물진드기과
ARTHROPODA〉Insecta〉Coleoptera〉Haliplidae

◉ 특징

성충의 체장은 4.0~4.5mm 내외이고, 머리는 황갈색이
고 뒷머리에 검은색의 얼룩무늬가 있고, 날개등판의
무늬중 날개끝 가까이에 작은 좌우3쌍의 막대형 검은
무늬가 있어 다른 종과 구별된다. 촉각과 양쪽 수염은
황갈색이다. 앞가슴등판은 비교적 작고 담황갈색 또
는 황갈색이고 앞가두리는 암갈색이며 앞가두리 가까
이에 있는 점각은 밀포하였고 뒷가두리 가까이에 있
는 점각은 크고 소포하였고 중앙부의 점각은 특히 소
포하였다. 딱지날개는 담황갈색 또는 황갈색이고 회
합선은 흑색이며 얼룩무늬는 개체에 따라 변이가 많
다. 유충은 복부의 10개의 절이 있고 각 절에는 짧은
부속돌기가 있으며 끝절을 제외한 각 절엔 4개의 각
상돌기가 있고 끝절은 하나로 길며 점차 가늘어 진다.

◉ 생태

번데기는 논과 같은 습한 수변에서 만들고 2~4주 내
외의 기간이 필요하다. 구릉지, 저수지, 연못, 논, 물
웅덩이, 온수로, 휴경논 등에 서식한다. 특히 경기도
에서의 채집종은 애물진드기, 노랑물진드기, 샤아프
물진드기, 중국물진드기 등인데 이중 흔히 채집되는
종은 애물진드기, 중국물진드기이다.

◉ 분포

한국, 일본

사진 101-1. 애물진드기 유충(복면 및 등면)

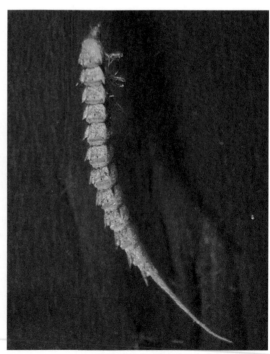

사진 101-2. 애물진드기 유충(표본측면)

사진 101-3. 애물진드기 성충(실물)

사진 101-4. 애물진드기 성충(등면)

## 102. 샤아프물진드기 *Haliplus (Liaphlus) sharpi* (Wehncke)

절지동물문〉곤충강〉딱정벌레목〉물진드기과
ARTHROPODA〉Insecta〉Coleoptera〉Haliplidae

◉ **특징**
성충의 체장은 3.5~4㎜ 내외이고, 전체적으로 황갈
색이며 뒷머리에 검은색의 얼룩무늬가 있고, 날개등
판의 무늬는 물진드기중 가장 진하고 분명하여 광택
이 있다. 배등판의 정중앙에 있는 튤립모양의 무늬는
다른 종에 비해 진하고 분명하여 다른 종과 구별된다.
다리, 두부, 촉각은 황갈색이며 딱지날개는 검은색 반
점이 산재해 있다.

◉ **생태**
구릉지, 저수지, 연못, 논, 물웅덩이, 온수로, 휴경논
등에 서식한다. 특히 경기도에서의 채집종은 애물진
드기, 노랑물진드기, 샤아프물진드기, 중국물진드기
등인데 이중 애물진드기 다음으로 많은 개체수가 채
집된다.

◉ **분포**
한국, 일본

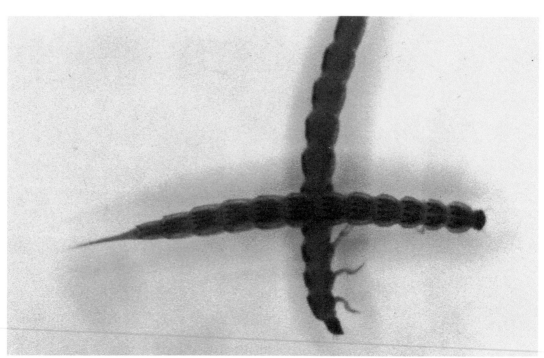

사진 102-1. 유충(큰물진드기속류)

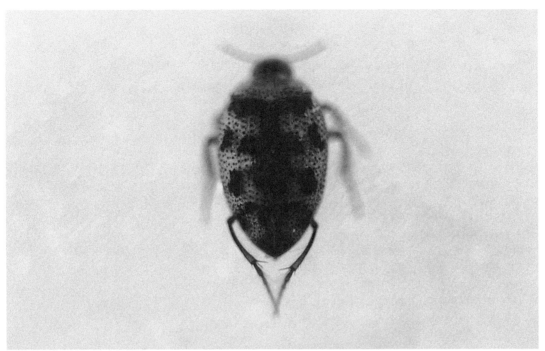

사진 102-2. 샤아프물진드기 성충(실물, 등면 검정색 띠와 광택 선명)

사진 102-3. 샤아프물진드기 성충(표본)

절지동물문〉곤충강〉딱정벌레목〉물진드기과
ARTHROPODA〉Insecta〉Coleoptera〉Haliplidae

### ◉ 특징
성충의 체장은 3.6~4㎜ 내외이고, 머리는 담황갈색이며 뒷머리의 눈사이와 가슴등판에 검은색의 점무늬가 각각 1쌍씩 있고, 날개등판의 점무늬는 분명하지 않고 배등판의 정중앙에 튤립모양의 무늬가 없다. 딱지날개는 담황색인데 회합선은 흑갈색이고, 점각은 작고 흑색이며, 얼룩무늬는 개체에 따라 변이가 많다. 유충은 복부가 9절로 되어 있고, 1~8절의 등에는 좌우 2쌍이상의 마디가 있는 가시돌기가 있으며, 끝절은 1쌍으로 길며 큰물진드기속 유충과 구별된다. 유충의 결과 절사이에 진한 갈색띠가 있는 것과 등가시돌기가 짧은 것이 특징이다.

### ◉ 생태
구릉지, 저수지, 연못, 논, 물웅덩이, 온수로, 휴경논 등에 서식한다. 특히 경기도 논에서의 채집종 중에 가장 많이 채집되는 종이다.

### ◉ 분포
한국, 일본, 대만, 중국, 인도차이나

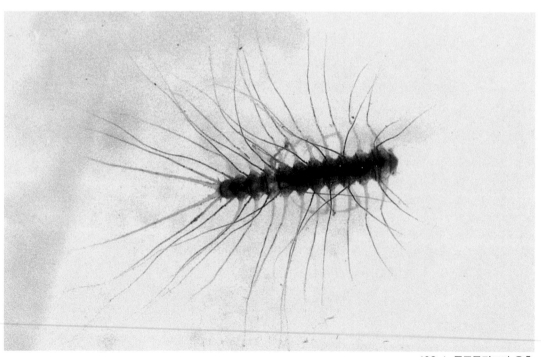

103-1. 중국물진드기 유충

사진 103-2. 중국물진드기 성충(표본)

사진 103-3. 중국물진드기 성충(실물)

## 104. 물진드기 *Peltodytes intermedius* (Sharp)

절지동물문〉곤충강〉딱정벌레목〉물진드기과
ARTHROPODA〉Insecta〉Coleoptera〉Haliplidae

◉ **특징**
성충의 체장은 3.0~3.8mm 내외이고, 등이 둥글고 전
체적으로 타원형이며, 뒷머리의 눈사이에 검은색의
점무늬가 없다. 가슴 등판엔 1쌍의 점무늬가 있고, 배
등판 끝이 뾰족한 정삼각형 형태를 띠어 중국물진드
기의 둥근 형태과 구별된다. 날개등판의 점무늬는 분
명하지 않고 배등판의 정중앙에 튤립모양의 무늬가
없다. 유충은 복부가 9절로 되어 있고, 1~8절의 등에
는 좌우 2쌍이상의 마디가 있는 가시돌기가 있으며,
끝절은 1쌍으로 길며 큰물진드기속 유충과 구별된다.

◉ **생태**
구릉지, 저수지, 연못, 논, 물웅덩이, 온수로, 휴경논
등에 서식한다. 특히 충청북도 논에서의 채집종 중에
가장 많이 채집되는 종이다.

◉ **분포**
한국, 일본

104-1. 물진드기 성충(좌:♂, 우:♀)

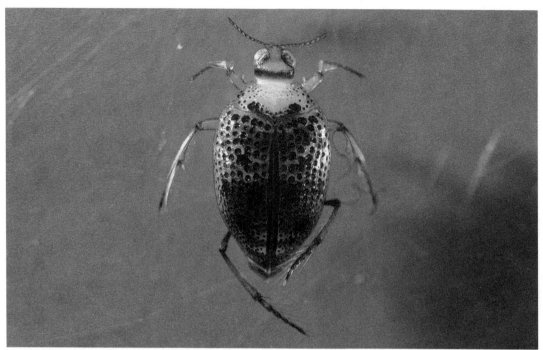

사진 104-2. 물진드기 성충(♂)

사진 104-3. 물진드기 성충(우)

## 105. 알락물진드기 *Haliplus (Liaphlus) simplex* (Clark)

절지동물문〉곤충강〉딱정벌레목〉물진드기과
ARTHROPODA〉Insecta〉Coleoptera〉Haliplidae

### ◉ 특징
성충의 체장은 2.3~3.0㎜ 내외이고, 머리는 황갈색이며, 뒷머리에 검은색의 얼룩무늬가 있으며, 날개등판의 흑색점무늬는 가운데 점무늬를 빼면V자형을이루고 체형은 추원형을 띠고 가슴등판과 딱지날개는 광택이 강하다.

### ◉ 생태
번데기는 논과 같은 습한 수변에서 만들고 2~4주 내외의 기간이 필요하다. 구릉지, 저수지, 연못, 논, 물웅덩이, 온수로, 휴경논 등에 주로 서식하나. 특히 휴경논에 집단으로 서식한다.경기도 논에서의 주 채집종은 알락진드기,중국물진드기,극동큰물진드기,샤아프물진드기 등이고, 곡간 휴경논에선 전국적으로 알락물진드기가 주로채집되며, 이중 흔히 채집되는 종은 알락물진드기, 중국물진드기.극동큰물진드기이고, 샤아프물진드기는, 드믈게 채집된다.충북부터 그 이남지방은 애물진드기 대신 주로 물진드기가 채집되는 것이 특징이다.

### ◉ 분포
한국, 일본

사진 105-1. 알락물진드기 성충

사진 105-2. 알락물진드기 성충 등면(상 : ♂, 하 : ♀)

사진 105-3. 알락물진드기 성충 등면(♀)

## 106. 자색물방개 *Noterus japonicus* (Sharp)

절지동물문〉곤충강〉딱정벌레목〉자색물방개과
ARTHROPODA〉Insecta〉Coleoptera〉Noteridae

◉ **특징**

성충의 체장은 3.6~4.1㎜ 내외이고, 머리는 반원형이
고 앞가슴등판은 황갈색 이다. 뒷가두리에 깊이 패인
점각이 옆으로 나 있는 것은 깨알물방개와 구별된다.
딱지날개는 광택이 있는데 암갈색이고 전면에 네줄의
아주 작은 점각이 소포하고, 그 외는 평활하다. 배면
과 다리는 적갈색인데 앞가슴 등판돌기의 뒤쪽은 방
추형이고 끝마디는 돌출하였다.

◉ **생태**

구릉지, 저수지, 연못, 논, 물웅덩이, 온수로, 휴경논
등에 서식한다. 유충의 채집은 물에 뜬 상태에서 채집
하는 것이 용이하다.

◉ **분포**

한국, 일본, 중국, 대만

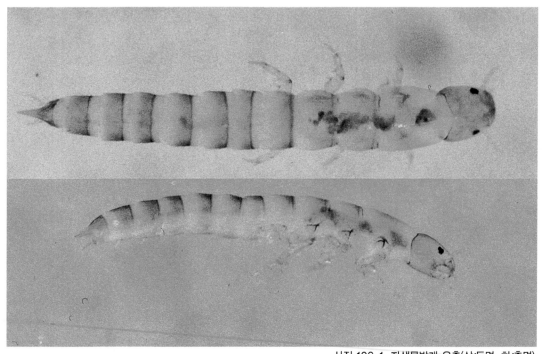

사진 106-1. 자색물방개 유충(상:등면, 하:측면)

사진 106-2. 자색물방개 성충(♂)

사진 106-3. 자색물방개 성충(♀)

## 107. 고구려자색물방개 *Noterus angustulus* (Zaitsev)

절지동물문〉곤충강〉딱정벌레목〉자색물방개과
ARTHROPODA〉Insecta〉Coleoptera〉Noteridae

◉ **특징**
성충의 체장은 3.6~4.0mm 내외이고, 머리는 반원형이
고 앞가슴등판은 황갈색 이다. 뒷가두리에 깊이 패인
점각이 옆으로 나 있는 것은 깨알물방개와 구별된다.
딱지날개는 광택이 있는데 암갈색이고 전면에 네줄의
아주 작은 점각이 소포하고, 그 외는 평활하다. 가슴
배판과 배면 위쪽이 밝은 갈색을 띠고, 촉각의 밑에서
5~6번 마디가 다른 마디보다 굵고 튀어나와 있는 것
이 자색물방개와 구별된다.

◉ **생태**
구릉지, 저수지, 연못, 논, 물웅덩이, 온수로, 휴경논
등에 서식한다.

◉ **분포**
한국, 일본, 중국, 대만

사진 107-1. 고구려자색물방개 성충(♂)

사진 107-2. 고구려자색물방개 성충(♀)

# 108. 깨알물방개 *Laccophilus difficilis* (Sharp)

절지동물문〉곤충강〉딱정벌레목〉물방개과
ARTHROPODA〉Insecta〉Coleoptera〉Dytiscidae

● **특징**
성충의 체장은 4.5~5.0㎜ 내외이고, 머리와 앞가슴등판은 밝은 황색으로 점각이 없다. 촉각과 수염은 담황색이고 끝이 암갈색이며 촉각은 매우 가늘다. 딱지날개는 황색 또는 황갈색으로 황갈색과 암황갈색의 얼룩무늬가 있다. 몸의 아랫면은 황색이고 다리는 황갈색이다. 깨알물방개속 중에서 체장이 가장 크고 밝은 황색과 광택이 나기 때문에 구별이 쉽다.

● **생태**
구릉지, 저수지, 연못, 논, 물웅덩이, 온수로, 휴경논 등에 서식한다. 몸통과 다리 사이의 공기를 담고 있는데 이 공기는 물의 표면장력에 의해 쉽게 빠져나가지 못하므로 호흡에 이용된다.

● **분포**
한국, 일본, 중국

사진 108-1. 깨알물방개 유충

사진 108-2. 깨알물방개 성충(우,표본)

사진 108-3. 깨알물방개 성충(좌:♂, 우:♀, 실물)

## 109. 동쪽깨알물방개 *Laccophilus kobensis* (Sharp)

절지동물문〉곤충강〉딱정벌레목〉물방개과
ARTHROPODA〉Insecta〉Coleoptera〉Dytiscidae

◉ **특징**
성충의 체장은 3.5~4.0㎜내외이다. 딱지날개는 담갈색 또는 드물게 녹색인 경우도 있다. 배면은 어두운 황갈색이나 녹색을 띠는 것도 있다. 체형은 역난형(逆卵形)이다.

◉ **생태**
주서식지는 평지의 저수지, 연못, 습지, 담수 휴경논 등이다. 일반적으로 성충은 봄부터 가을에 걸쳐 채집된다. 겨울에는 채집되지 않는 것으로 보아, 성충은 물을 떠나 낙엽 밑이나 토양 속에서 월동하는 것으로 생각된다. 유충에 대해서는 잘알려져 있지 않다.

◉ **분포**
한국, 일본

사진 109-1. 동쪽깨알물방개 성충♂(등면)

사진 109-2. 동쪽깨알물방개 성충우(등면)

## 110. 무늬깨알물방개 *Laccophilus lewisius* (Sharp)

절지동물문>곤충강>딱정벌레목>물방개과
ARTHROPODA>Insecta>Coleoptera>Dytiscidae

◉ **특징**
성충의 체장은 4.0~4.5㎜내외이다. 눈과 눈사이에 검은 색의 경계선이 있고, 배면은 황갈색이나 뒷다리 사이만 검은 일자형의 무늬가 소수 있다. 딱지날개에는 3~4개의 검은 세로무늬가 있다.

◉ **생태**
주서식지는 평지의 저수지, 연못, 습지, 담수 휴경논 등이지만 개체수는 많지 않다.

◉ **분포**
한국, 일본
※ 채집지: 수원시 서둔동 담수 휴경논, 무방제논

사진 110-1. 무늬깨알물방개(등면의 갈색점무늬는 가을과 겨울철 저온에서 잘 나타나는 특징)

사진 110-2. 무늬깨알물방개(배면)

사진 110-3. 무늬깨알물방개 성충(등면)

# 111. 알물방개 *Hyphydrus japonicus* (Sharp)

절지동물문〉곤충강〉딱정벌레목〉물방개과
ARTHROPODA〉Insecta〉Coleoptera〉Dytiscidae

◉ **특징**
성충의 체장은 4.0~4.9㎜내외이다. 눈과 눈사이에 검은 점이 1쌍 있고, 앞가슴 뒤에 검은 무늬가 있다. 딱지날개 3/4지점에 암컷은 터지지 않은 황갈색 1쌍의 큰무늬가 있고, 수컷의 무늬는 암컷보다 작으며 광택이 난다. 유충은 머리에 황색의 줄무늬가 있고, 몸은 방추형이다. 머리에 각상돌기가 넓고 길어 다른 종과 쉽게 구별된다.

◉ **생태**
주서식지는 평지의 저수지, 연못, 습지, 논, 담수 휴경논 등이다.

◉ **분포**
한국, 일본, 중국, 대만
※ 채집지: 수원시 서둔동 논, 담수 휴경논, 특히 곡간지역의 논에 많이 서식

사진 111-1. 알물방개 유충(등면)

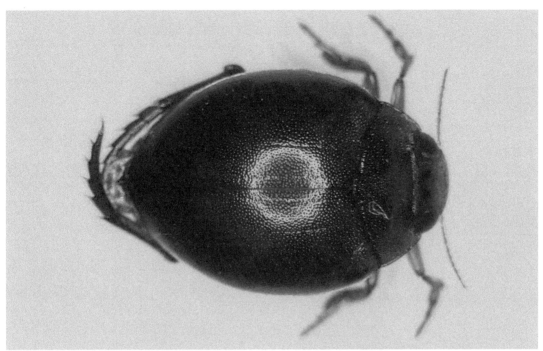

사진 111-2. 알물방개 성충(우, 등면의 흑색무늬 특징)

사진 111-3. 알물방개 성충(♂, 등면의 흑색무늬 특징)

절지동물문〉곤충강〉딱정벌레목〉물방개과
ARTHROPODA〉Insecta〉Coleoptera〉Dytiscidae

◉ 특징
성충의 체장은 2.5㎜내외이다. 머리와 가슴등판은 딱지날개보다 연한 갈색이고, 딱지날개는 진한 담갈색으로 광택이 없으며 끝이 뾰족하여 다른종과 쉽게 구별된다.

◉ 생태
계곡형의 곡간답에 물이 솟는 소형의 얕은 웅덩이에 집단 서식하고, 계곡의 물흐름이 적은 곳에서도 채집된다.

◉ 분포
한국, 일본, 대만, 태국, 인도
※ 채집지: 경기도 화성군 송산면 어촌리 곡간답, 전북 고산천 상류

사진 112-1. 점톨물방개 유충

사진 112-2. 점톨물방개 성충

사진 112-3. 점톨물방개 성충

# 113. 꼬마물방개 *Guignotus japonicus* (Sharp)

절지동물문〉곤충강〉딱정벌레목〉물방개과
ARTHROPODA〉Insecta〉Coleoptera〉Dytiscidae

◉ **특징**
성충의 체장은 2㎜내외이다. 체형은 장추원형이다. 체색은 가슴등판과 머리는 황갈색이고, 딱지날개의 중앙선과 2쌍의 짙은 갈색 세로무늬가 딱지날개 앞가두리에 연결되어 있으며, 변이가 심하다. 유충은 종령 유충 중에서 가장 작다. 가는줄물방개 유충과 유사하지만, 복부말단의 꼬리돌기에 3개의 털이 본종은 하나씩 일정한 간격으로 나 있지만, 가는줄물방개는 2개가 가지상으로 나 있다.

◉ **생태**
저수지, 논 등과 같이 물이 고여 있고, 진흙이 있는 곳이면 어디든지 서식한다. 현재와 같은 논농사에 가장 잘 적응된 물방개이다.

◉ **분포**
한국, 일본, 대만

사진 113-1. 꼬마물방개 유충(등면)

사진 113-2. 꼬마물방개 성충

림 113-3. 꼬마물방개 성충(등면의 흑갈색 세로줄무늬 특징)

## 114. 머리테물방개 *Clypeodytes frontalis* (Sharp)

절지동물문〉곤충강〉딱정벌레목〉물방개과
ARTHROPODA〉Insecta〉Coleoptera〉Dytiscidae

◉ **특징**
성충의 체장은 1.8㎜내외이다. 체형은 난형이다. 체색은 가슴등판과 머리는 황갈색이고, 딱지날개의 중앙선만 연결되어 있다. 뒷딱지날개에 흑갈색무늬가 종선으로 되어있지 않아 다른 거소가 구별이 용이하다.

◉ **생태**
저수지, 논 등과 같이 물이 고여 있고, 진흙이 있는 곳이면 서식하지만, 흔한 종은 아니다.

◉ **분포**
한국, 일본

사진 114-1. 머리테물방개 성충

절지동물문〉곤충강〉딱정벌레목〉물방개과
ARTHROPODA〉Insecta〉Coleoptera〉Dytiscidae

◉ **특징**

성충의 체장은 4.1~4.9㎜내외이다. 체형은 장난형이다. 딱지날개는 황적갈색으로 광택이 강하고, 세로로 5쌍의 검은 줄무늬와 중앙에 하나의 줄무늬가 있다. 배면은 검은색으로 딱지날개 끝은 반달모양의 검은무늬가 있다.

◉ **생태**

저수지, 논, 담수 휴경지 등에 서식하며, 논에 물대기를 하면 출현한다. 논에서 월동하고, 꼬마물방개와 함께 현재의 벼 재배방법에 가장 잘 적응한 종이다.

◉ **분포**

한국(전국 분포 종), 일본, 중국

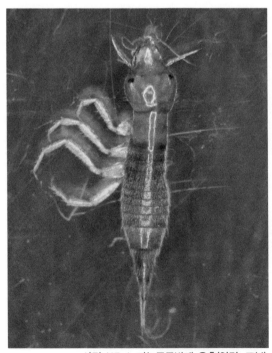

사진 115-1. 가는줄물방개 유충(약령, 표본)

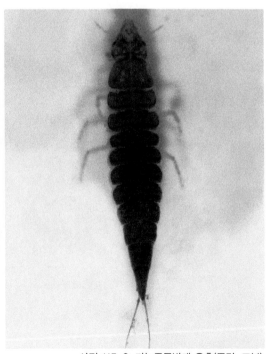

사진 115-2. 가는줄물방개 유충(종령, 표본)

사진 115-3. 가는줄물방개 유충(실물)

사진 115-4. 가는줄물방개 성충(상:♂, 하:우)

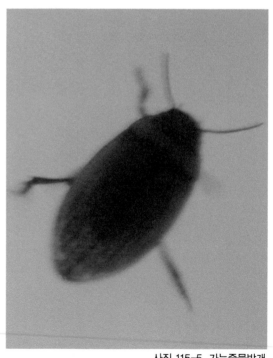

사진 115-5. 가는줄물방개

## 116. 노랑무늬물방개 *Neonectes natrix* (Sharp)

절지동물문〉곤충강〉딱정벌레목〉물방개과
ARTHROPODA〉Insecta〉Coleoptera〉Dytiscidae

◉ 특징

성충의 체장은 3.0~3.6㎜내외이다. 체형은 난형이다.
체색은 검은 바탕에 6쌍의 노랑무늬가 있어 구별이
쉽다. 유충은 외줄물방개속과 외형 및 서식지가 비슷
하지만, 머리와 배마디 뒷부분이 짙은 갈색을 띠고 있
어 구별할 수 있다.

◉ 생태

주요 서식지는 하천, 수량(水量)이 많고 유속이 느린
계곡, 큰 강 등이다. 일반적으로 논에는 서식하지 않
지만, 수질이 좋은 곡간답 농수로에는 다량 서식한다.

◉ 분포

한국(전국 분포 종), 일본, 중국

사진 116-1. 노랑무늬물방개 유충(등면의무늬)

사진 116-2. 노랑무늬물방개 성충(등면의 무늬)

## 117. 흑외줄물방개 *Potamonectes hostilis* (Sharp)

절지동물문〉곤충강〉딱정벌레목〉물방개과
ARTHROPODA〉Insecta〉Coleoptera〉Dytiscidae

### ◉ 특징
성충의 체장은 4.6~5㎜내외이다. 체형은 장난형이
다. 체색은 황갈색바탕에 검은 세로줄무늬가 많다.
이마의 눈 사이에 1쌍의 점무늬와 가슴 앞가두리에
흑색의 점각열이 가로로 나있고, 뒤쪽에 갈매기 무
늬가 짙게 있다. 유충은 노랑무늬물방개와 비슷하
지만, 머리에 U자형 무늬가 있고, 마디마다 2쌍의
점무늬가 있다.

### ◉ 생태
주요 서식지는 하천, 수량(水量)이 많고 유속이 느린
계곡, 큰 강 등이다. 일반적으로 논에는 서식하지 않
지만, 수질이 좋은 곡간답 농수로에는 다량 서식한다.

### ◉ 분포
한국(전국 분포 종), 일본
※ 채집지: 양평, 고산천 상류, 경기도 송산면 어촌 저
수지 상류

사진 117-1. 흑외줄물방개 유충

사진 117-2. 흑외줄물방개 성충

## 118. 국내 미기록종 *Copelatus minutissimus* (Balfour-Browne)

절지동물문〉곤충강〉딱정벌레목〉물방개과
ARTHROPODA〉Insecta〉Coleoptera〉Dytiscidae

◉ 특징

성충의 체장은 3.7㎜내외이다. 체형은 좁고 길다. 체색은 등전체가 진한 갈색이고, 딱지날개의 앞가두리만 황색의 가로무늬가 있다. 국내 등줄물방개속 중에서 가장 작다.

◉ 생태

소형 물웅덩이, 담수 휴경논의 물이 얕은 곳에서 아주 드물게 채집된다.

◉ 분포

한국, 일본

사진 118-1. *Copelatus minutissimus* 성충(♂)

사진 118-2. *Copelatus minutissimus* 성충(우)

사진 118-3. *Copelatus minutissimus* 성충(좌:우복면, 우:♂복면)

## 119. 애등줄물방개 *Copelatus weymarni* (Balfour-Browne)

절지동물문〉곤충강〉딱정벌레목〉물방개과
ARTHROPODA〉Insecta〉Coleoptera〉Dytiscidae

◉ 특징
성충의 체장은 4.8~5.4㎜내외이다. 체색은 전체적으로 암갈색이며, 배면은 검은색으고, 가슴 바깥쪽 테두리만 밝은 갈색을 띤다.

◉ 생태
주로 물이 얕은 소형의 저수지에 서식하며, 이앙 전에 담수와 써레질한 논에서 이앙 초기에는 논 귀퉁이에 몰려있어 채집이 잘된다. 주로 4월부터 7월까지 활동한다.

◉ 분포
한국, 일본

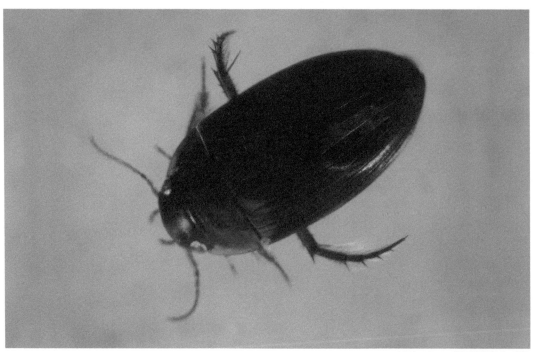

사진 119-1. 애등줄물방개 성충

## 120. 맵시등줄물방개 *Copelatus zimmermanni* (Gschwendtner)

절지동물문〉곤충강〉딱정벌레목〉물방개과
ARTHROPODA〉Insecta〉Coleoptera〉Dytiscidae

◉ 특징
성충의 체장은 5.4mm내외이다. 체형은 장타원형이다. 등면은 암갈색, 딱지날개 앞쪽에 황갈색의 넓은 가로 띠무늬가 있고, 딱지날개 끝에 황갈색의 테두리가 있다.

◉ 생태
물이 얕은 소형 저수지의 수초(水草)가 있는 수변에 주로 서식한다. 이앙 전에 담수와 써레질한 논에서 이앙 초기에는 논 귀퉁이에 몰려있어 채집이 잘된다. 평상시에는 자연 담수 휴경지, 저수지의 담수식물이 밀생하고 있는 수심이 얕은 곳에서 채집된다.

◉ 분포
한국, 일본

사진 120-1. 맵시등줄물방개 성충(좌 : ♂, 우 : ♀)

# 121. 큰땅콩물방개 *Agabus browni* (Kamiya)

절지동물문〉곤충강〉딱정벌레목〉물방개과
ARTHROPODA〉Insecta〉Coleoptera〉Dytiscidae

◉ **특징**
성충의 체장은 10.7mm내외이다. 체형은 장추원형이
다. 머리와 가슴은 검은색이고, 가슴의 가장자리 테두
리는 적갈색이다. 딱지날개의 앞쪽에 약간 넓은 황색
가로무늬와 뒤편의 V자 무늬가 있으며, 광택이 강하
다.

◉ **생태**
물이 얕은 소형 저수지의 수초(水草)가 있는 수변, 담
수 휴경논 등에서 쉽게 채집되며, 특히 곡간답의 소량
의 물이 솟아나서 유입되는 논에서 유입구 쪽에 다량
서식한다. 현재 논에서 채집되는 땅콩물방개 중 가장
크고 쉽게 채집되는 종이다.

◉ **분포**
한국, 일본
※ 채집지: 경기도 화성군 서신면, 봉담면 휴경논 다
량 서식, 수원시 서둔동

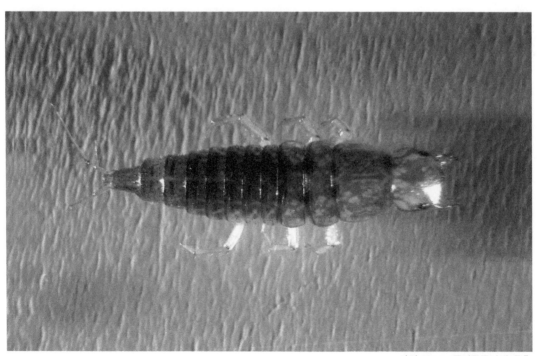

사진 121-1. 큰땅콩물방개 유충

사진 121-2. 큰땅콩물방개 성충(우, 표본)                121-3. 큰땅콩물방개 성충(송, 표본)

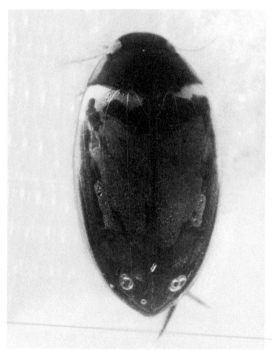

사진 121-4. 큰땅콩물방개 성충(우, 실물)                사진 121-5. 큰땅콩물방개 성충(유영, 실물)

# 122. 땅콩물방개 *Agabus japonicus* (Sharp)

절지동물문〉곤충강〉딱정벌레목〉물방개과
ARTHROPODA〉Insecta〉Coleoptera〉Dytiscidae

◉ **특징**
성충의 체장은 6.0~7.4㎜ 내외이고, 타원형이며 체색
은 금속광택이 강하다. 머리와 앞가슴등판은 검은색
이고 머리에는 두 개의 적갈색 얼룩무늬가 있으며, 촉
각과 수염은 황갈색이다. 딱지날개는 적갈색으로 크
기가 작고 V형 무늬가 없는 것이 큰땅콩물방개와 구
별된다. 배면은 흑색이고 배의 말단부에 네마디는 뒷
가두리는 암황갈색이다. 다리는 적흑색이고 종아리마
디 이하는 적갈색이다.

◉ **생태**
물이 얕은 저수지 수변, 휴경논, 곡간답의 계곡수가
유입된 온수로, 논에 물이 솟아나 형성된 온수로 등에
서식한다.

◉ **분포**
한국, 일본, 대만, 인도

사진 122-1. 땅콩물방개 유충(표본)

사진 122-2. 땅콩물방개 유충(실물)

사진 122-3. 땅콩물방개 성충(배면)

사진 122-4. 땅콩물방개 성충(등면)

## 123. 머리땅콩물방개 *Agabus insolitus* (Sharp)

절지동물문〉곤충강〉딱정벌레목〉물방개과
ARTHROPODA〉Insecta〉Coleoptera〉Dytiscidae

◉ **특징**
성충의 체장은 5.8㎜내외이다. 체형은 타원형이며, 딱
지날개 뒤쪽이 좁아진다. 체색은 검은색으로 광택이
강하고, 배면은 검정색이며 광택이 있다. 땅콩물방개
족 중에서 가장 소형이다.

◉ **생태**
물이 얕은 저수지의 수초(水草)가 있는 수변, 담수 휴
경논 중에서 약간 수심이 깊은 물웅덩이 등에서 드물
게 채집된다.

◉ **분포**
한국, 일본

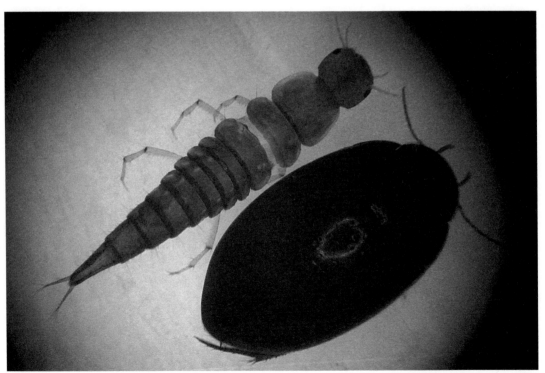

사진 123-1. 머리땅콩물방개(좌: 유충, 우: 성충)

사진 123-2. 머리땅콩물방개 유충(측면)

사진 123-3. 머리땅콩물방개 성충(등면의 적갈색 무늬가 특징)

## 124. 노랑테콩알물방개 *Platambus (Agraphis) fimbriatus* (Sharp)

절지동물문〉곤충강〉딱정벌레목〉물방개과
ARTHROPODA〉Insecta〉Coleoptera〉Dytiscidae

◉ **특징**
성충의 체장은 7~8mm 내외이고, 체형은 장원추형이
다. 등면은 흑갈색이고 강한 광택이 있으며, 배면은
뒷다리 이전까지는 적갈색이지만 그 뒷부분은 흑갈색
이다. 딱지날개의 노란 갈색무늬와 테두리의 무늬가
연결되어 있고, 가슴등판에 삼각형 모양으로 깊고 짙
은 갈색무늬가 있어 구별된다. 배부는 적갈색이고 다
리는 황갈색이다.

◉ **생태**
강의 수변부의 자갈 밑, 강물을 이용하는 농수로, 강
과 인접하여 수량이 많은 농수로 등에서 서식한다.

◉ **분포**
한국, 일본, 중국

사진 124-1. 노랑테콩알물방개 성충(좌:♂, 우:♀)

사진 124-2. 노랑테콩알물방개 성충(우, 등면)

사진 124-3. 노랑테콩알물방개 성충(우,배면)

## 125. 모래무지물방개 *Ilybius apicalis* (Sharp)

절지동물문〉곤충강〉딱정벌레목〉물방개과
ARTHROPODA〉Insecta〉Coleoptera〉Dytiscidae

### ◉ 특징
성충의 체장은 8.5~9.7mm 내외이고, 체형은 장원추형
이다. 등면은 흑갈색이고 약한 광택이 있으며, 배면과
다리는 암황갈색이다. 앞가슴등판의 좌우 양쪽은 폭
이 넓고 황적갈색이며, 딱지날개는 테두리가 황적갈
색이며, 끝부분에 갈래형 삐침무늬 있는 것이 다른 종
과 구별된다.

### ◉ 생태
저수지 및 연못 등의 수생식물이 많은 수변쪽, 물웅덩
이, 휴경논에 서식한다.

### ◉ 분포
한국, 일본

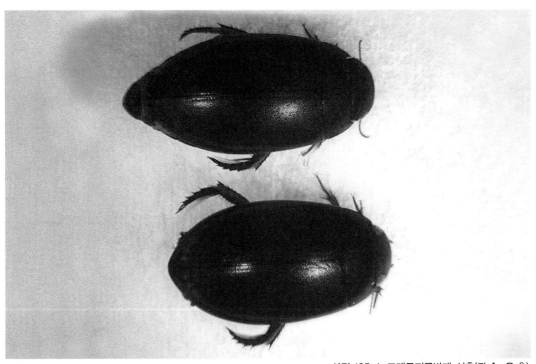

사진 125-1. 모래무지물방개 성충(좌:♂, 우:♀)

사진 125-2. 모래무지물방개 성충(♂,등면)

사진 125-3. 모래무지물방개 성충(♂,배면)

사진 125-4. 모래무지물방개 성충(우, 표본)

사진 125-5. 모래무지물방개 성충(우, 실물)

## 126. 애기물방개 *Rhantus (Rhantus) pulverosus* (Stephens)

절지동물문〉곤충강〉딱정벌레목〉물방개과
ARTHROPODA〉Insecta〉Coleoptera〉Dytiscidae

● **특징**
성충의 체장은 11.6mm 내외이고, 체형은 장원추형이다. 머리와 등면은 황갈색이고 배면은 흑갈색이다. 뒷머리와 겹눈 사이에 흑색 얼룩무늬와 앞가슴등판의 역삼각형 무늬의 끝이 낫의 끝과 같은 모양이 애기물방개이고, 끝이 굽지 않고 거의 일자로 되어 있는 것이 큰애기물방개, 무늬사이가 거의 붙지 않고, 그 끝이 손가락 끝처럼 타원형으로 되어 있는 것이 제주애기물방개로 구별이 된다. 딱지날개는 황갈색이고 주변 가두리를 제외하고는 흑색 과립모양의 얼룩점이 분포한다. 앞다리와 가운데 다리는 황갈색이고 종아리마디 이하는 적흑색이다.

● **생태**
저수지, 연못, 물웅덩이, 휴경논, 논 등에서 흔히 서식하며, 이른 봄부터 초겨울까지 물이 있는 곳에서 활동한다.

● **분포**
한국, 일본, 중국

사진 126-1. 애기물방개 유충

사진 126-2. 애기물방개 성충(표본)

사진 126-3. 애기물방개 성충(실물)

## 127. 국내 미기록종 *Rhantus erraticus* (Sharp)

절지동물문〉곤충강〉딱정벌레목〉물방개과
ARTHROPODA〉Insecta〉Coleoptera〉Dytiscidae

### ◉ 특징
성충의 체장은 13.5㎜내외이다. 체형은 장추원형이다. 가슴 및 배의 등면은 적갈색이고, 배면 및 다리는 흑갈색이다. 가슴등판의 가로무늬는 애기물방개속 중에서 가장 길며, 외낫 끝처럼 굽어있지 않고, 끝이 부러진 것 같이 거의 일자로 되어있다. 유사종과의 구분으로는, 가슴등판의 가로무늬가 거의 붙어있지 않고 넓으며 그 끝이 손가락 끝처럼 타원형인 것이 제주애기물방개이며, 외낫 끝처럼 구부러져 있는 것이 애기물방개이다.

### ◉ 생태
저수지, 연못, 물웅덩이, 담수 휴경지, 논 등에서 흔하게 채집되는 종이다. 이른 봄(3월)부터 어름이 어는 초겨울(11월)까지도 물이 있는 곳에서는 활동한다.

### ◉ 분포
한국, 일본

사진 127-1. *Rhantus erraticus*(상: 유충, 하: 성충)

사진 127-2. *Rhantus erraticus* 성충

사진 127-3. *Rhantus erraticus* 성충

## 128. 알락물방개 *Hydaticus (Guignotites) thermonectoides* (Sharp)

절지동물문〉곤충강〉딱정벌레목〉물방개과
ARTHROPODA〉Insecta〉Coleoptera〉Dytiscidae

### ◉ 특징
성충의 체장은 9.6㎜ 내외이고, 체형은 타원형이다.
머리에는 얼룩무늬가 없고 머리방패, 윗입술, 더듬이,
수염은 황갈색이다. 앞가슴 등판에는 얼룩무늬가 없
고 앞가두리를 따라 작은 점각이 있다. 딱지날개는 흑
색 얼룩점을 불규칙하게 구비하고 중앙부에 다소 밀
집한 부분이 있다. 배등판의 뒤편에 있는 검은색 가로
얼룩무늬 두 개는 꼬마줄물방개와 구별된다.

### ◉ 생태
계곡수와 같은 찬물이 들어오는 곡간답 온수로에 벼
수확 후에 다량 볼 수 있다.

### ◉ 분포
한국, 일본, 중국

사진 128-1. 알락물방개 성충(등면)

사진 128-2. 알락물방개 성충♂(등의 검은 무늬는 큰알락물방개와 같고 크기는 작다)

사진 128-3. 알락물방개 성충(배면)

## 129. 꼬마줄물방개 *Hydaticus (Hydaticus) grammicus* (Germar)

절지동물문〉곤충강〉딱정벌레목〉물방개과
ARTHROPODA〉Insecta〉Coleoptera〉Dytiscidae

### ◉ 특징
성충의 체장은 10.5㎜ 내외이고, 체형은 난형이다. 등면은 광택이 있는 담황갈색이며, 가슴, 배면, 다리는 적갈색이다. 딱지날개는 두줄의 점각 종렬이 있으나 명백하지 않다. 배등판의 뒤편에 있는 검고 굵은 3개의 세로 줄무늬에 가는 황갈색선이 뚜렷하여 알락물방개와 구별되고, 체장의 크기와 앞가슴 뒤편에 굵고 검은 가로 무늬가 없는 것이 큰줄물방개와 구별된다.

### ◉ 생태
애기물방개속, 꼬마물방개속, 가는줄물방개속과 더불어 논에 물이 고여있으면 이른 봄부터 초겨울까지 흔히 볼 수 있는 종이다.

### ◉ 분포
한국, 일본, 중국

사진 129-1. 꼬마줄물방개 유충

사진 129-2. 꼬마줄물방개 성충(실물)

사진 129-3. 꼬마줄물방개 성충(♂, 표본)

사진 129-4. 꼬마줄물방개 성충(우, 표본)

# 130. 잿빛물방개 *Eretes sticticus* (Linnaeus)

절지동물문〉곤충강〉딱정벌레목〉물방개과
ARTHROPODA〉Insecta〉Coleoptera〉Dytiscidae

◉ **특징**
성충의 체장은 11~16mm 내외이고, 체형은 난형이다.
등면은 광택이 강하고 담황갈색이며, 가슴, 배면, 다
리는 적갈색이다. 딱지날개에는 세줄의 흑색 점각열
이 있고 그 간실에 흑색이고 과립 모양인 점각이 있고
뒷쪽의 점각은 드물다. 딱지날개의 뒷쪽에는 흑색의
주름살 모양의 가로로 된 얼룩무늬가 있는데 변이가
많다. 날개끝이 뾰족하고 작은 흑색 얼룩점이 있다.
앞가두리의 중앙에 흑색 얼룩이 있고 암컷에서는 그
부분이 배밑 모양으로 오목 들어갔다. 배등판의 뒤편
에 있는 검은색 넓은 1개의 가로 줄무늬는 다른 종과
구별된다.

◉ **생태**
부영양화된 물웅덩이에 주로 서식하므로 부영양화된
정도를 나타내는 수질지표종이다.

◉ **분포**
한국, 일본, 중국

사진 130-1. 잿빛물방개 성충(♂, 등면)

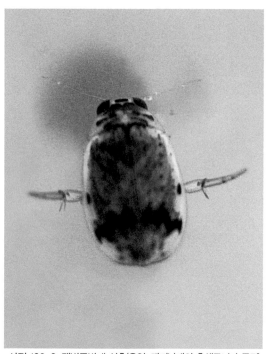

사진 130-2. 잿빛물방개 성충(유영, 딱지날개의 흑색무늬가 특징)

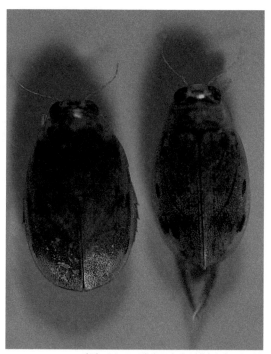

사진 130-3. 잿빛물방개 성충(좌:우, 우:♂)

사진 130-5. 잿빛물방개 서식지

# 131. 아담스물방개 *Graphoderus adamsii* (Clark)

절지동물문〉곤충강〉딱정벌레목〉물방개과
ARTHROPODA〉Insecta〉Coleoptera〉Dytiscidae

### ◉ 특징
성충의 체장은 13~14㎜ 내외이고, 체형은 난형이다.
등면은 광택이 강하며 머리는 황갈색이고 정수리에는
V자형의 검은 무늬가 있다. 딱지날개는 황갈색인데
앞가두리를 제외하고 그물눈 모양으로 흑색 얼룩무늬
가 있다. 머리무늬와 합쳐진 또 하나의 가로줄무늬와
V자형 무늬, 딱지날개의 조밀한 점무늬는 본 종을 구
별하는 특징이다.

### ◉ 생태
저수지, 물웅덩이 등에 서식하고 봄에 논갈이와 동시
에 물을 넣으면 논에 들어와 산란하기 위하여 이입된
다.

### ◉ 분포
한국, 일본

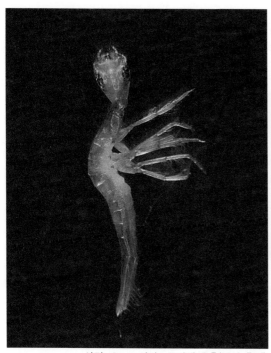

사진 131-1. 아담스물방개 유충(약령 측면)

사진 131-2. 아담스물방개 유충(종령 등면)

사진 131-3. 아담스물방개 성충(등면, 표본)

사진 131-4. 아담스물방개 성충(유영, 실물)

사진 131-5. 아담스물방개 성충(등면의 무늬와 채색이 특징)

## 132. 물방개 *Cybister (Cybister) japonicus* (Sharp)

절지동물문〉곤충강〉딱정벌레목〉물방개과
ARTHROPODA〉Insecta〉Coleoptera〉Dytiscidae

### ◉ 특징
성충의 체장은 30~40mm 내외이고, 체형은 딱지날개 뒷부분이 튀어나와 있으며 난형이다. 물방개 종류 중 가장 크며 등면은 녹색 또는 암갈색을 띠고 강한 광택이 있다. 딱지날개 끝을 제외하고 테두리에 황색의 굵은 띠를 갖고, 배면은 황색으로 광택이 강하다. 유충은 60mm 이상 대형으로 채색은 등면이 녹색 또는 회갈색이고 1쌍의 담색줄무늬가 있다. 7~8번째 마디의 좌우로 촘촘히 털이 있다.

### ◉ 생태
저수지, 연못, 물웅덩이 등에 서식한다. 논에서 관개용 물웅덩이가 사라지고, 농약 등의 사용으로 산란을 하여도 성충이 되기 전에 죽기 때문에 농약의 유입이 없고, 빛이 잘들어오고, 수생식물이 많은 깨끗한 저수지, 연못, 물웅덩이에서 서식한다.

### ◉ 분포
한국, 일본
※ 채집지 : 강원도 횡성군 둔내면, 경기도 안성군, 양평군

림 132-1. 물방개 유충(상:실물 머리 무늬와 등면 체색, 하:종령)

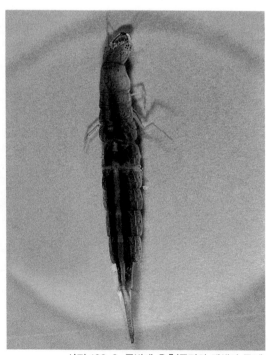

사진 132-2. 물방개 유충(등면의 체색이 특징)

사진 132-3. 물방개 성충 등면(좌 : ♂, 우 : ♀)

사진 132-4. 물방개서식지

절지동물문〉곤충강〉딱정벌레목〉물방개과
ARTHROPODA〉Insecta〉Coleoptera〉Dytiscidae

◉ **특징**
성충의 체장은 25mm 내외이고, 체형은 딱지날개 뒷부분이 튀어나와 있으며 난형이다. 등면은 검정색이고 딱지날개 뒷부분에 갈색 삐침형 무늬가 1쌍 있고, 주둥이 및 배면의 다리가 시작되는 부분은 적갈색이다. 배면은 강한 광택이 있는 흑색이다. 앞가슴등판에는 점각이 있으나 머리의 것보다 작고 드물게 깔려 있다. 유충의 채색은 황갈색이고 체폭이 물방개 유충보다 작고 1쌍의 약한 담색 줄무늬가 있다. 7~8번째 마디의 좌우로 물방개보다 성기게 털이 나있다.

◉ **생태**
저수지, 연못, 물웅덩이, 농수로 등에 서식한다. 논에 물대기와 함께 이입되어 산란활동을 하고 물떼리를 하면 가까운 저수지나 물웅덩이로 이동하여 월동한다. 유충은 다른 종에 비해 논에서 흔하게 채집된다.

◉ **분포**
한국, 일본

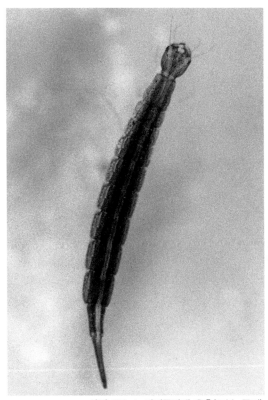

사진 133-1. 검정물방개 유충(표본, 등면)

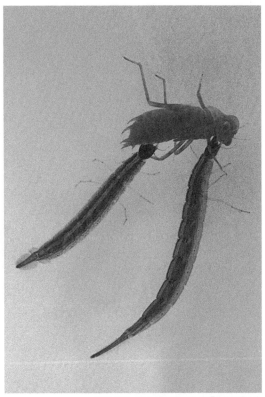

사진 133-2. 검정물방개 유충(먹이활동)

사진 133-3. 검정물방개 성충
(♂, 딱지날개 끝의 갈색점무늬가 특징)

사진 133-4. 검정물방개 성충(♀)

사진 133-5. 검정물방개 성충(좌:♀, 우:♂, 체형비교)

# 134. 물맴이 *Gyrinus (Gyrinus) japonicus francki* (Ochs)

절지동물문〉곤충강〉딱정벌레목〉물맴이과
ARTHROPODA〉Insecta〉Coleoptera〉Gyrinidae

### ◉ 특징
성충의 체장은 7㎜ 내외이고, 체형은 난형이다. 머리에는 점각이 없고 겹눈 사이에 오목하게 들어간 부분이 두 개 있다. 머리방패에는 세로로 주름살이 많고 촉각은 전부가 흑색이며 윗입술도 흑색이고 큰턱, 작은턱, 아랫입술은 암적갈색이다. 그러나 양쪽 수염의 끝은 흑갈색이다. 딱지날개는 광택이 둔하고 열한줄의 갈색 점각열이 있고 날개끝은 둥글다. 배면은 흑색이고 광택이 강하고 다리는 황갈색이다. 배의 꼬리마디 등판엔 회백색의 털이 있다.

### ◉ 생태
저수지, 연못, 물웅덩이, 농수로 등에 서식한다. 논에 물대기와 함께 맴돌이를 하며 이입된다. 인공조성 물웅덩이나 곡간답의 물웅덩이에 소수 개체가 서식하고, 물의 흐름이 약한 강이나 수심이 얕은 물웅덩이에 다수의 개체가 서식한다.

### ◉ 분포
한국, 일본

사진 134-1. 물맴이 성충(우)

사진 134-2. 물맴이 성충(송)

사진 134-3. 물맴이 서식지(여름)

사진 134-4. 물맴이 서식지(가을)

## 135. 왕물맴이 *Dineutus orientalis* (Modeer)

절지동물문〉곤충강〉딱정벌레목〉물맴이과
ARTHROPODA〉Insecta〉Coleoptera〉Gyrinidae

◉ **특징**
성충의 체장은 10.8mm 내외이다. 체형은 난형이다. 배면은 흑색, 등면은 검은색이며, 가슴과 배등판에 황갈색 테두리가 있다. 윗날개 뒤쪽 끝에 가시가 있어 다른 물맴이와는 쉽게 구별된다.

◉ **생태**
저수지, 연못, 물웅덩이, 농수로 등에 주로 서식하는 정수성 종이다. 논에는 물대기와 함께 농수로를 따라 물위에서 맴돌이를 하면서 이입된다. 현재는 인공 물웅덩이, 곡간답 내 물웅덩이 등에서 소수 볼 수 있지만, 백령도에서는 물웅덩이 등에서 흔히 관찰된다.

6월부터 10월까지 활동하며, 수면에 떨어진 곤충 등을 포식한다. 물맴이류는 수면을 경계로 상하로 2개씩 눈이 있어 수중과 물위를 동시에 볼 수 있다.

◉ **분포**
한국, 일본, 중국, 시베리아, 사할린, 대만, 베트남, 말레이시아, 인도

사진 135-1. 왕물맴이 성충(상: ♂, 하: ♀)

사진 135-2. 왕물맴이 성충(표본)

사진 135-3. 왕물맴이 성충(실물)

사진 135-4. 왕물맴이 서식지(백령도)

## 136. 호리가슴땡땡이 *Hydraena (Hydraena) riparia* (Kugelann)

│ 절지동물문〉곤충강〉딱정벌레목〉호리가슴땡땡이과
│ ARTHROPODA〉Insecta〉Coleoptera〉Hydraenidae

◉ **특징**

성충의 체장은 2.2㎜내외이다. 체형은 장난형이다. 머리, 가슴, 배의 등면은 암갈색이며, 테두리는 황갈색을 띤다. 다리는 황갈색이고 더듬이도 황갈색이지만 더듬이 끝마디의 1/3정도의 끝이 암갈색이다. 호리가슴땡땡이과의 더듬이는 다른 물땡땡이보다 길고 특이하여 구분이 용이하다.

◉ **생태**

주요 서식지는 흐르는 물이다. 논에서는 저수지, 연못, 물웅덩이의 연결수로 및 온수로에서 채집되지만, 작아서 채집되는 경우는 드물다.

◉ **분포**

한국, 일본

사진 136-1. 호리가슴땡땡이 성충(실물)

사진 136-2. 호리가슴땡땡이 성충(표본)

절지동물문〉곤충강〉딱정벌레목〉투구물땡땡이과
ARTHROPODA〉Insecta〉Coleoptera〉Helophoridae

#### ◉ 특징
성충의 체장은 4.6~5.8㎜내외이다. 체형은 장난형이
다. 체색은 짙은 갈색에 부정형의 검은 무늬가 있다.
가슴 등판은 상하로 좁아지지 않고 거의 폭과 넓이가
같고 5줄의 세로줄이 두드러져 있다.

#### ◉ 생태
적응성이 넓어서 유수(流水)와 지수(止水) 모두에서
서식한다. 논에서는 수확 후 물이 고인 곳에서 채집이
잘되고, 수면에서 유영하기 때문에 눈에 잘 보이지만,
작아서 주의하여 관찰하지 않으면 찾기 힘들다. 성충
은 가을에도 관찰되며, 성충으로 월동하여 이듬해 봄
에 다시 활동한다.

#### ◉ 분포
한국, 일본

사진 137-1. 투구물땡땡이 성충(실물)

사진 137-2. 투구물땡땡이 성충(표본)

## 138. 국내 미기록종 *Helophorus sibiricus* (Motschulsky)

절지동물문〉곤충강〉딱정벌레목〉투구물땡땡이과
ARTHROPODA〉Insecta〉Coleoptera〉Helophoridae

◉ 특징
성충의 체장은 5~6㎜내외이다. 체형은 장난형이다.
다리는 갈색이며, 가슴등판은 투구물땡땡이와 비슷한
형상이나 가운데 옆이 불거져 있고 딱지날개 끝의 만
나는 부분이 갈라져 있다.

◉ 생태
서식지는 일반적으로 지수(止水)성으로, 논이나 물웅
덩이 등 물이 고인 곳에서 채집되지만, 개체수가 적
고, 크기가 작아서 주의하여 관찰하지 않으면 찾지 못
한다.

◉ 분포
한국, 일본, 중국

사진 138-1. *Helophorus sibiricus* 성충

## 139. 잔등볼록물땡땡이 *Coelostoma orbiculare* (Fabricius)

절지동물문〉곤충강〉딱정벌레목〉물땡땡이과
ARTHROPODA〉Insecta〉Coleoptera〉Hydrophilidae

◉ 특징
성충의 체장은 2.1~3.8mm내외이다. 체형은 반구형이
다. 다리는 갈색, 배는 암흑색, 등면은 암청색을 띠며,
희미한 광택이 난다.

◉ 생태
서식지는 일반적으로 지수(止水)성으로, 논이나 물웅
덩이, 휴경지 수변의 물이끼 등에 서식한다. 이앙직전
이나 이앙후의 논 가장자리나 물이끼를 채집해 보면,
매우 작은 본종의 움직임을 알 수 있으며, 수족관에
넣으면 습한 내벽에 붙어있는 물이끼에 부착하여 생
활한다. 성충은 4월부터 8월까지 관찰된다.

◉ 분포
한국, 일본

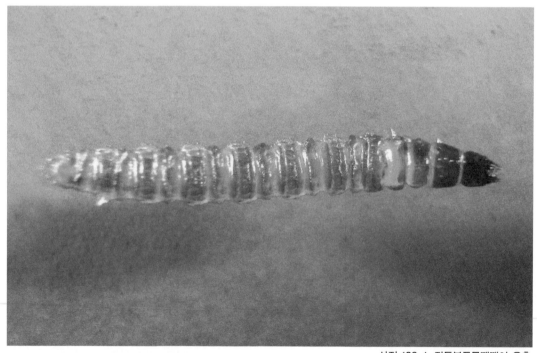

사진 139-1. 잔등볼록물땡땡이 유충

사진 139-2. 잔등볼록물땡땡이 성충(좌:♂, 우:♀, 표본)

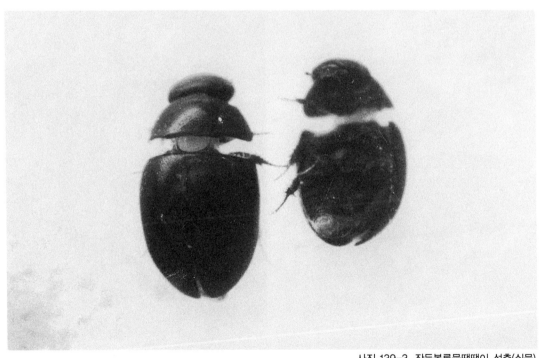

사진 139-3. 잔등볼록물땡땡이 성충(실물)

## 140. 등볼록물땡땡이 *Coelostoma stultum* (Walker)

절지동물문〉곤충강〉딱정벌레목〉물땡땡이과
ARTHROPODA〉Insecta〉Coleoptera〉Hydrophilidae

◉ 특징
성충의 체장은 5㎜내외이다. 체형은 반구형이다. 다리는 갈색, 배는 암흑색, 등면은 흑색을 띤다. 잔등볼록물땡땡이와의 차이는 본종이 조금 더 크고, 앞가슴과 머리가 붙어있는 듯 반구를 이루는데 비하여, 잔등볼록물땡땡이는 가슴과 머리가 확실히 구분되어 있다.

◉ 생태
하천, 논, 물웅덩이, 휴경지 등의 수변의 돌 아래에 서식하며, 돌을 들어 보면 쉽게 관찰할 수 있다. 토양트랩에 의한 수변곤충 채집 시에도 채집된다.

◉ 분포
한국, 일본

사진 140-1. 등볼록물땡땡이 성충(표본)

사진 140-2. 등볼록물땡땡이 성충(실물)

# 141. 모래톱물땡땡이 *Cercyon (Cercyon) aptus* (Sharp)

절지동물문〉곤충강〉딱정벌레목〉물땡땡이과
ARTHROPODA〉Insecta〉Coleoptera〉Hydrophilidae

◉ 특징
성충의 체장은 3.5㎜내외이다. 가슴등판의 양측은 담
갈색이고, 가슴 중앙과 딱지날개는 암갈색이며 연한
갈색의 테두리가 있다. 머리와 눈은 흑색이고, 다리의
정강이와 더듬이는 갈색이다.

◉ 생태
주요 서식지는 해변이지만, 바다에 가까운 하천변이
나 논 주변에서 토양트랩에 의한 수변곤충 채집 시에
도 채집된다.

◉ 분포
한국, 일본

사진 141-1. 모래톱물땡땡이 성충(등면)

## 142. 털물땡땡이류 *Megasternini gen. spp.*

절지동물문〉곤충강〉딱정벌레목〉물땡땡이과
ARTHROPODA〉Insecta〉Coleoptera〉Hydrophilidae

◉ 특징
성충의 체장은 1.7~3㎜ 내외이다. 머리, 가슴, 딱지날개 등판에 털이 나 있다. 털은 쉽게 탈락되기 때문에 채집 및 운반 시에 주의를 요한다. 국내 기록된 종은 잔털물땡땡이(Cryptoleurum subtile Sharp), 털물땡땡이(Pachysternum hemorrhoum Motschulsky) 2종이 있다.

◉ 생태
서식지는 광범위하고, 논에서는 논 안에 또는 주변에 있는 짐승들의 배설물에 많이 서식한다. 등화채집이나 논 주변에서 토양트랩에 의한 수변곤충 채집 시에 채집된다.

◉ 분포
한국, 일본

사진 142-1. *Cryptoleurum sp.* 성충

사진 142-2. *Pachysternum sp.* 성충

## 143. 애넓적물땡땡이 *Enochrus (Holcophilydrus) simulans* (Sharp)

절지동물문〉곤충강〉딱정벌레목〉물땡땡이과
ARTHROPODA〉Insecta〉Coleoptera〉Hydrophilidae

◉ **특징**
성충의 체장은 5.5~6mm 내외이고, 몸전체 황갈색을 띠고, 광택이 난다. 딱지날개에 10줄의 점각열의 가지골을 가지는 것이 넓적물땡땡이와 구별된다. 머리의 흑색무늬가 양눈을 기점으로 삼각형이며 이마 중앙으로 솟아있고 진한 흑색이다. 밝은 갈색바탕의 앞가슴등판 중앙에 반구형의 검정무늬는 다른종과 구별된다.

◉ **생태**
저수지, 연못, 물웅덩이, 농수로 등에 서식한다. 논에 물대기와 함께 이입되고 논 토양에 월동한 성충은 활동을 시작하여 논에서 대량 증식되어 서식밀도가 가장 높다.

◉ **분포**
한국, 일본

143-1. 애넓적물땡땡이 유충(등면)

143-2. 애넓적물땡땡이(유충과 성충)

143-3. 애넓적물땡땡이 성충(우)

143-4. 애넓적물땡땡이 성충(송)

## 144. 한일넓적물땡땡이 *Enochrus (Lumetus) uniformis* (Sharp)

절지동물문〉곤충강〉딱정벌레목〉물땡땡이과
ARTHROPODA〉Insecta〉Coleoptera〉Hydrophilidae

◉ **특징**
성충의 체장은 3.6mm내외이다. 등면 전체가 갈색을 띠
고 얇고 가는 점각열이 있으며 연갈색의 밝은 테두리
가 있다. 머리의 등쪽에 검은 무늬는 양눈을 기점으로
반타원형이며 양측은 갈색이다.

◉ **생태**
저수지, 논에 주로 서식한다. 채집은 되지만 개체수는
많지 않다.

◉ **분포**
한국, 일본

사진 144-1. 한일넓적물땡땡이 유충(등면)

144-2. 한일넓적물땡땡이 성충(등면)

## 145. 국내 미기록종 *Helochares anchoralis* (Sharp)

절지동물문〉곤충강〉딱정벌레목〉물땡땡이과
ARTHROPODA〉Insecta〉Coleoptera〉Hydrophilidae

◉ **특징**
성충의 체장은 5.8㎜내외이다. 등면의 체색이 적갈색
으로 일본에서는 빨간넓적좀물땡땡이라고 불리운다.
등면에 10줄의 점각열이 있다.

◉ **생태**
수초(水草)가 많은 저수지, 연못, 습지, 논 등에 주로
서식한다. 봄철 산란기에 배에 포란(抱卵)을 한 채 활
동하는 특이한 물땡땡이로서 구별이 용이하다. 수명
은 1년으로 1월에서 12월까지 활동한다.

◉ **분포**
한국, 일본

사진 145-1. *Helochares anchoralis* 성충(♀)

사진 145-2. *Helochares anchoralis* 성충(♂)

사진 145-3. *Helochares anchoralis* 성충(상:♂, 하:♀)

사진 145-4. *Helochares anchoralis* 성충

사진 145-5. *Helochares anchoralis* 성충(포란)

## 146. 좀물땡땡이 *Helochares (Hydrobaticus) striatus* (Sharp)

절지동물문〉곤충강〉딱정벌레목〉물땡땡이과
ARTHROPODA〉Insecta〉Coleoptera〉Hydrophilidae

◉ **특징**
성충의 체장은 4㎜ 내외이고, 체형은 난형이다. 머리는 머리꼭대기가 넓게 흑색이고 아머리를 향하여 넓은 흑색 줄이 있다. 딱지 날개는 10줄의 점각렬이 있고 그 간실에는 작은 점각을 밀포하였다. 등면은 암갈색이고 등판의 테두리는 밝은 황갈색이다. 날개밑 중앙의 어깨부분에는 각 한 개의 작은 흑색 얼룩무늬가 있다.

◉ **생태**
저수지, 논, 휴경논, 농수로, 온수로 등에 서식한다.

◉ **분포**
한국, 일본

사진 146-1. 좀물땡땡이 성충(좌:♂, 우:♀)

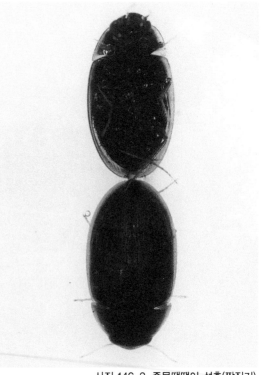

사진 146-2. 좀물땡땡이 성충(짝짓기)

## 147. 점물땡땡이 *Laccobius (Laccobius) bedeli* (Sharp)

절지동물문〉곤충강〉딱정벌레목〉물땡땡이과
ARTHROPODA〉Insecta〉Coleoptera〉Hydrophilidae

◉ 특징
성충의 체장은 3.3㎜내외이다. 체형은 원형에 가깝다.
딱지날개 등판의 체색은 갈색이며, 21줄의 검은색 점
각열이 있다. 머리와 가슴등면에 암청색 무늬가 있다.

◉ 생태
곡간답의 물이 나서 찬물이 고여있는 이끼 속에 주로
서식하며, 온수로 등에서 빈번히 채집된다.

◉ 분포
한국, 일본

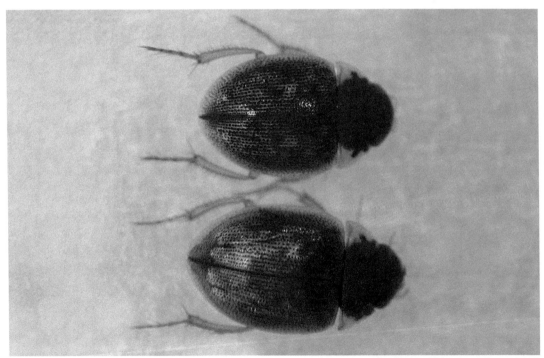

사진 147-1. 점물땡땡이 성충(상:♂, 하:♀, 크기비교)

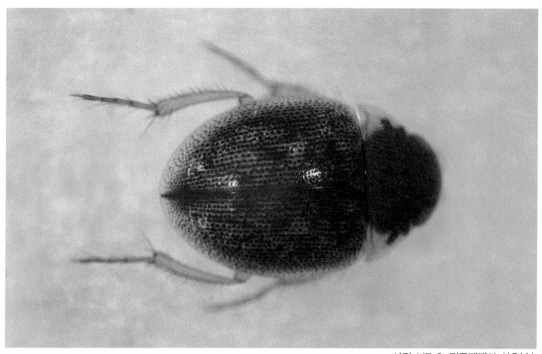

사진 147-2. 점물땡땡이 성충(♂)

사진 147-3. 점물땡땡이 성충(우)

# 148. 잔물땡땡이 *Hydrochara affinis* (Sharp)

절지동물문〉곤충강〉딱정벌레목〉물땡땡이과
ARTHROPODA〉Insecta〉Coleoptera〉Hydrophilidae

### ◉ 특징
성충의 체장은 18㎜ 내외이고, 머리에는 섬세한 머리
꼭대기 봉선이 있으며 앞머리에는 한 쌍의 8자형의
점각렬이 있고 겹눈의 안가두리를 따라 각각 한줄의
점각렬이 있다. 딱지날개에는 네줄의 점각렬과 양쪽
에 각 한줄의 아주 작은 점각렬이 있고 또 바깥가두리
P어에 분명치 한은 점각렬이 있다. 딱지날개의 등판
은 암청색 또는 암흑색이고 다리와 더듬이는 적갈색
으로 북방물땡땡이와 구별된다.

### ◉ 생태
월동 후 저수지, 물웅덩이 등에 서식하고 논에 물대기
와 함께 이입되어 산란하고 증식된다. 주로 경기도지
역에 분포하고, 북방물땡땡이는 충북지역과 강원지역
에 분포한다.

### ◉ 분포
한국, 일본

사진 148-1. 잔물땡땡이 유충(유영)

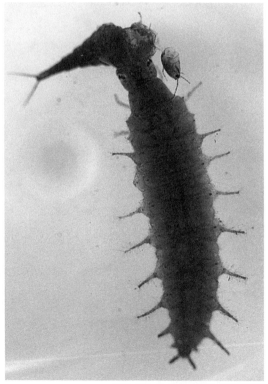

사진 148-2. 잔물땡땡이 유충(포식)

사진 148-3. 잔물땡땡이 성충(우, 갈색다리)

사진 148-4. 잔물땡땡이 성충(♂, 실물채색)

사진 148-5. 잔물땡땡이 성충(상:♂, 하:우, 크기비교)

사진 148-6. 잔물땡땡이 성충(유영)

## 149. 북방물땡땡이 *Hydrochara libera* (Sharp)

절지동물문〉곤충강〉딱정벌레목〉물땡땡이과
ARTHROPODA〉Insecta〉Coleoptera〉Hydrophilidae

◉ **특징**
성충의 체장은 18㎜내외이다. 딱지날개 등판, 다리 및
더듬이도 모두 흑색을 띠는 것이 본종이고, 비슷한 크
기로 다리와 더듬이가 적갈색을 띠는 것은 잔물땡땡
이이다. 유충의 가슴등판은 짙은 암적갈색으로 황갈
색의 잔물땡땡이와 구별되며, 기관아가미의 크기와
아가미에 부착되어 있는 털도 잔물땡땡이보다 훨씬
작다.

◉ **생태**
잔물땡땡이가 논이나 습지, 연못 등에 넓게 분포하는
데 비하여, 본종은 수생식물이 많은 양호한 습지의 지
수(止水)역이나 진흙이 깊은 휴경논에 서식한다. 성충
은 토양 속에서 월동한다. 성충은 월동 후 저수지, 관
개용 물웅덩이 등에서 모여 있다가, 논에 물대기와 함
께 논으로 이입되어 산란 및 증식한다. 충북 전지역과
강원도 일부에서는 북방물땡땡이가 온수로 등에서 채
집된다.

◉ **분포**
한국, 일본, 중국

사진 149-1. 북방물땡땡이 유충(등면)

사진 149-2. 북방물땡땡이 유충(상), 잔물땡땡이 유충(하)

사진 149-3. 북방물땡땡이 성충

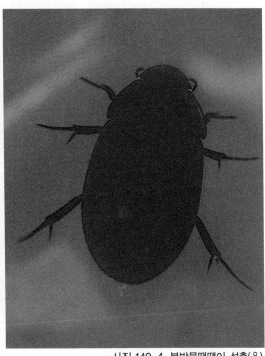

사진 149-4. 북방물땡땡이 성충(우)

# 150. 물땡땡이 *Hydrophilus acuminatus* (Motschulsky)

절지동물문〉곤충강〉딱정벌레목〉물땡땡이과
ARTHROPODA〉Insecta〉Coleoptera〉Hydrophilidae

### ◉ 특징
성충의 체장은 34~40㎜ 내외이고, 몸전체가 광택이
나는 흑색, 발마디 안쪽에는 황갈색의 긴털이 많이 있
고, 더듬이는 황갈색이다. 앞가슴배쪽에는 뾰족한 돌
기가 있다. 앞가슴등판 양옆에 곤봉모양의 홈들이 경
사진 줄처럼 나열되어있고, 딱지날개에는 더 작은 점
각들이 네줄로 이른다. 유충은 머리의 모양이 둥근것
이 잔물땡땡이와 애물땡땡이의 직사각형 모양과 달라
구별된다.

### ◉ 생태
농약이 유입되지 않는 저수지, 물웅덩이 등에 서식한
다. 70년대 중반 이후로는 서식 개체수가 아주 적다.

### ◉ 분포
한국, 일본
※ 채집지 : 수원시 서둔동, 양구군 남면 송우리

사진 150-1. 물땡땡이 유충(등면, 표본)

사진 150-2. 물땡땡이 유충(좌:배면, 우:등면)

사진 150-3. 물땡땡이 성충(♂)

사진 150-4. 물땡땡이 성충(우)

사진 150-5. 물땡땡이 성충(좌:우, 중:숳,우:유충, 크기비교)

사진 150-6. 물땡땡이서식지

## 151. 애물땡땡이 *Sternolophus (Sternolophus) rufipes* (Fabricius)

절지동물문〉곤충강〉딱정벌레목〉물땡땡이과
ARTHROPODA〉Insecta〉Coleoptera〉Hydrophilidae

◉ **특징**
성충의 체장은 10㎜ 내외이고, 채색은 광택이 나는 암
청색이다. 머리는 머기꼭대기에 봉선이 있고, 앞머리
에 8자형 점각령이 있다. 다리와 더듬이는 갈색이고
더듬이 끝은 검은색이다. 딱지날개는 네줄의 점각렬
이 있고 날개끝 근처의 바깥가두리는 적갈색이다. 유
충은 몸통 옆쪽에 아가미가 흔적적이고 아가미에 털
이 밀집하여 있지 않다.

◉ **생태**
저수지, 물웅덩이, 휴경논 등에 서식하며 주로 남부지
방에 흔히 분포한다.

◉ **분포**
한국, 일본

사진 151-1. 애물땡땡이 유충

사진 151-2. 애물땡땡이 성충(우)

사진 151-3. 애물땡땡이 성충(♂)

# 152. 알물땡땡이 *Amphiops mater* (Sharp)

절지동물문〉곤충강〉딱정벌레목〉물땡땡이과
ARTHROPODA〉Insecta〉Coleoptera〉Hydrophilidae

◉ 특징
성충의 체장은 3.6㎜내외이다. 체형은 원형이다. 체색은 갈색을 띠며, 윗날개에 검은색 삼각형 무늬가 1쌍 있다. 윗날개에는 8줄의 점각열이 있지만 기부에서는 불분명하게 된다. 복안은 상하로 2분되어 있다. 암수의 명확한 차이가 없어서 구분하기 어렵다.

◉ 생태
주 서식지는 저수지로서, 하천수가 유입되는 쪽의 수심이 얕고 수초가 무성한 곳에서 채집된다. 관개용 물웅덩이에서도 물이 들어오고 나가는 소류지에 서식가능하다. 자주 배를 위쪽으로 하여 헤엄치며 돌아다닌다.

◉ 분포
한국, 일본, 중국
※ 채집지: 경기도 화성군 팔탄면 덕우지 상류, 백령도 저수지 및 물웅덩이에서 우점종

사진 152-1. 알물땡땡이 유충, 100%

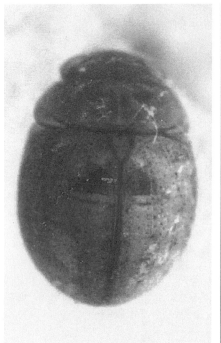

사진 152-2. 알물땡땡이 성충(등면)

사진 152-3. 알물땡땡이 성충(측면)

사진 152-4. 알물땡땡이 서식지

## 153. 점박이물땡땡이 *Berosus (Berosus) signaticollis punctipennis* (Harold)

절지동물문〉곤충강〉딱정벌레목〉물땡땡이과
ARTHROPODA〉Insecta〉Coleoptera〉Hydrophilidae

◉ **특징**

성충 암컷의 체장은 7㎜ 내외이고, 수컷은 이보다 작다. 머리 등면은 검은색이고 가슴 등면에 두쌍의 검은 두줄무늬가 중앙을 따라 아래로 연결되어 있다. 딱지날개는 굵기가 불규칙적인 1자무늬가 산재해 있다. 유충은 몸통 옆쪽에 아가미가 다른 속과 구별된다.

◉ **생태**

저수지, 물웅덩이, 논, 휴경논, 농수로 등에 서식하며 흔하게 채집되는 종은 아니다.

◉ **분포**

한국, 일본

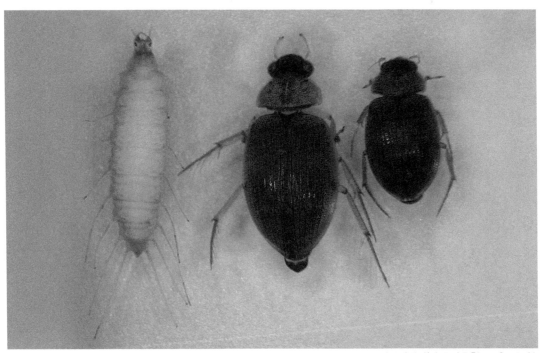

사진 153-1. 점박이물땡땡이(좌:종령유충, 중:우, 우:♂)

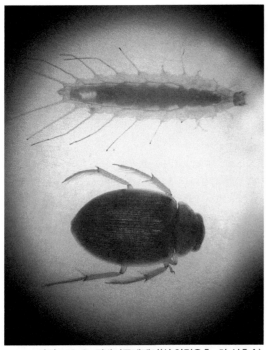

사진 153-2. 점박이물땡땡이(상:약령유충, 하:성충♂)

사진 153-3. 점박이물땡땡이 성충(우)

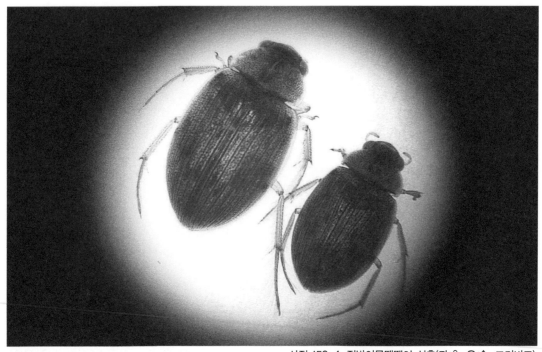

사진 153-4. 점박이물땡땡이 성충(좌:우, 우:♂, 크기비교)

## 154. 새가슴물땡땡이 *Berosus (Berosus) japonicus* (Sharp)

절지동물문〉곤충강〉딱정벌레목〉물땡땡이과
ARTHROPODA〉Insecta〉Coleoptera〉Hydrophilidae

◉ **특징**
성충의 체장은 4.5~5㎜ 내외이고, 머리 등면은 검은
색이고 가슴 등면에 두쌍의 검은 두줄무늬가 중앙을
따라 아래로 연결되어 있다. 날개딱지는 굵기가 불규
칙적인 1자무늬가 산재해 있다. 외형과 등무늬가 점박
이물땡땡이와 유사하지만 체장이 훨씬 작고 머리 뒤
편의 목부분이 긴 것으로 구별된다.

◉ **생태**
산지의 곡간형 저수지, 물웅덩이 등에 서식하며 점박
이물땡땡는 평지의 저수지에서 서식하는 것에서 구별
된다.

◉ **분포**
한국, 일본

사진 154-1. 새가슴물땡땡이 성충(우, 날개딱지 무늬)

사진 154-2. 새가슴물땡땡이 성충(상:♂, 하:우, 크기비교)

## 155. 뒷가시물땡땡이 *Berosus (Enoplurus) lewisius* (Sharp)

절지동물문〉곤충강〉딱정벌레목〉물땡땡이과
ARTHROPODA〉Insecta〉Coleoptera〉Hydrophilidae

◉ 특징
성충의 체장은 4㎜ 내외이고, 머리와 가슴등면은 흐릿한 검은무늬가 조금 있다. 딱지날개의 뒷부분에 두 개의 가시가 있다.

◉ 생태
간척지의 논, 염해를 받아 공간이 많은 논, 휴경논 등에 주로 서식한다.

◉ 분포
한국, 일본
※ 채집지 : 대호간척지, 시화간척지

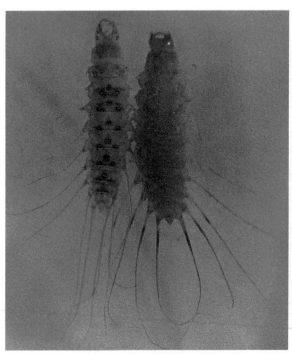

사진 155-1. 뒷가시물땡땡이 유충(좌:등면, 우:배면)

사진 155-2. 뒷가시물땡땡이 성충

# 156. 국내 미기록종 *Berosus elongatulus* (Jordan)

절지동물문>곤충강>딱정벌레목>물땡이과
ARTHROPODA>Insecta>Coleoptera>Hydrophilidae

◉ 특징
성충의 체장은 4.7㎜내외이다. 머리 및 가슴 등면에 흐릿한 검은 무늬가 조금 있고, 머리 등면의 전체가 검은색이 아니다. 특히, 딱지날개 끝에 가시가 있어 쉽게 구별할 수 있다. 뒷가시물땡이와는 외형상 같지만 체장과 뒷가시가 조금 더 크다.

◉ 생태
뒷가시물땡이가 간척지의 논이나 벼가 염해를 받아서 공간이 많은 논이나 담수심이 얕은 휴경논에 많이 서식하는 반면, 본종은 해충의 발생이 적은 충북 옥천군이나 양평균과 같이 살충제 사용이 적은 지역의 논에서 많이 서식하는 특징이 있다.

◉ 분포
한국, 일본

사진 156-1. *Berosus elongatulus* 유충

사진 156-2. *Berosus elongatulus* 성충(사천군)

사진 156-3. *Berosus elongatulus* 성충(양평군)

사진 156-4. *Berosus elongatulus* 성충(옥천군)

## 157. 검정길쭉알꽃벼룩 *Cyphon sanno* (Nakane)

절지동물문〉곤충강〉딱정벌레목〉알꽃벼룩과
ARTHROPODA〉Insecta〉Coleoptera〉Helodidae

◉ **특징**

성충의 체장은 3mm내외이다. 등판의 체색은 암갈색
이며 털로 덮여있다. 다리와 더듬이는 갈색을 띠고,
머리와 가슴등판은 점각으로 덮여있다. 유충의 체
색은 짙은 갈색이며, 몸은 원통형으로 뒤로 갈수록
좁아지고 특히 더듬이가 애우 길어서 몸길이만큼
긴 것도 있다.

◉ **생태**

서식지는 저수지, 연못, 물웅덩이 등으로 정수성종이
다. 특히 논에서 증식한다. 유충은 전국적으로 잘 채
집되지만 성충은 등화(燈火)채집이 아니면 잘되지 않
는다.

◉ **분포**

한국, 일본

사진 157-1. 검정길쭉알꽃벼룩 유충

사진 157-2. 검정길쭉알꽃벼룩 성충

# 158. 알꽃벼룩 *Scirtes japonicus* (Kiesenwetter)

절지동물문〉곤충강〉딱정벌레목〉알꽃벼룩과
ARTHROPODA〉Insecta〉Coleoptera〉Helodidae

### ◉ 특징
성충의 체장은 4mm 내외이고, 머리는 작고 겹눈은 흑색, 촉각은 암갈색인데 기부의 세마디는 황갈색이다. 등면은 갈색이며 갈색의 털이 많이 났고 작은 점각을 밀포하였다. 딱지날개는 양쪽이 평행하고 말단은 둥글고 점각은 앞가슴등판보다 크다.

### ◉ 생태
저수지, 연못, 물웅덩이, 논, 휴경논 등에 주로 서식한다. 유충은 전국적으로 잘 채집되며 성충은 등화채집으로 채집할 수 있다.

### ◉ 분포
한국, 일본

사진 158-1. 알꽃벼룩 성충

## 159. 알락진흙벌게 *Heterocerus fenestratus* Thunberg

절지동물문〉곤충강〉딱정벌레목〉진흙벌레과
ARTHROPODA〉Insecta〉Coleoptera〉Heteroceridae

◉ 특징
성충의 체장은 4.2mm내외이다. 가슴 등판의 체색은 암흑색이고, 머리와 딱지날개 등판은 갈색 바탕에 암갈색의 무늬가 딱지날개 양측에 대칭으로 있다. 외형적 체형이 길쭉한 타원형으로 등무늬가 특이하여 구별이 쉽다.

◉ 생태
서식지는 저수지, 연못, 물웅덩이 등으로 정수성종이다. 유충은 논과 같이 담수상태의 진흙이 있는 곳에서 주로 서식하고, 성충은 등화채집이 잘된다.

◉ 분포
한국, 일본

사진 159-1. 알락진흙벌레 성충

사진 159-2. 알락진흙벌레 성충

사진 159-3. 알락진흙벌레 성충(등무늬 변이체)

# 160. 애반딧불이 *Luciola lateralis* (Motschulsky)

절지동물문〉곤충강〉딱정벌레목〉반딧불이과
ARTHROPODA〉Insecta〉Coleoptera〉Lampyridae

### ◉ 특징
성충의 체장은 7.5~9.5mm내외이고, 암컷이 수컷보다 크다. 머리는 앞가슴 아래에 숨어 있고 겹눈은 크고 더듬이는 실모양이다. 가슴 등판의 체색은 담적색에 중앙에 일자형의 흑색무늬가 있고 머리와 딱지날개 등판은 흑색이다. 암수 모두 날수 있으며, 짝짓기를 위하여 암수간에 서로 불빛으로 교신한다. 발광회수는 분당 60~120회 정도이며, 발광기는 암컷은 복부 제 6마디에 1개, 수컷은 제 6, 7 마디에 각각 1개씩 2개가 있다. 유충은 머리 등쪽에 연한 적갈색의 십자형 무늬가 있어 구별이 된다.

### ◉ 생태
논에 주로 서식하며 밀도는 적다. 주로 산에 인접한 논의 온수로 또는 곡간답의 농수로 등에 서식한다. 년 1회 발생하며 성충은 6~7월에 우화하여 50~100립의 알을 낳는다. 애벌레는 물속에서 4번의 탈피과정을 거쳐 성숙하며 다자라면 흑갈색을 띤다. 다음해 5~6월에 땅위로 올라와 흙집을 짓고 번데기가 된다. 번데기에서 성충이 되기까지 약 1개월정도가 걸리며, 성충은 15일 정도 산다. 암컷은 1개의 불빛으로, 수컷은 2개의 불빛으로 짝짓기를 위한 불빛을 밝힌다.

### ◉ 분포
한국, 일본

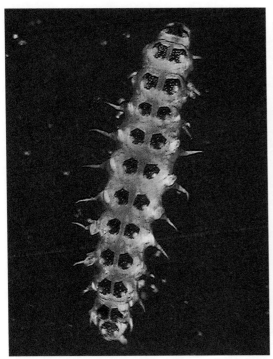

사진 160-1. 애반딧불이 유충(등면)

사진 160-2. 애반딧불이 유충(측면)

사진 160-3. 애반딧불이 성충(등면)

사진 160-4. 애반딧불이 성충(배면)

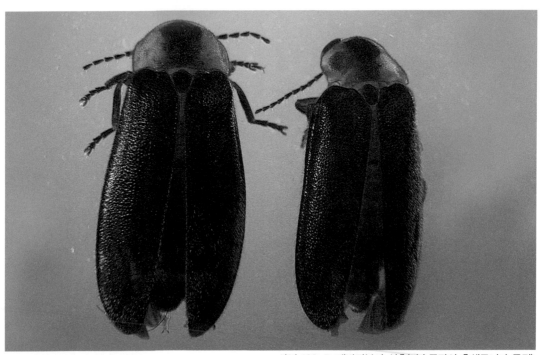

사진 160-5. 애반딧불이 성충(가슴등판의 흑색무늬가 특징)

## 161. 장구애비 *Laccotrephes japonensis* (Motschulsky)

절지동물문〉곤충강〉노린재목〉장구애비과
ARTHROPODA〉Insecta〉Hemiptera〉Nepidae

◉ 특징
성충의 체장은 호흡관을 제외하고 20~40㎜내외이고,
가슴 등판의 체색은 암갈색이다. 몸 전체가 납작하며,
좁고 길게 발달하였다. 머리는 작고 뭉툭하게 돌출하
였으며, 중앙 종주선을 따라 불록하다. 앞가슴등판은
옆가장자리의 앞뒤 모서리가 각각 둥글게 돌출하였으
며, 뒷쪽 2/3부위에 가로홈이 있다. 앞날개는 양 옆이
다소 평행을 이루며 길게 발달하였고, 막질부는 배 끝
숨관의 기부까지 도달한다. 배 끝에는 몸길이와 비슷
하게 길다란 숨관을 가진다. 앞다리는 낫 모양의 포획
다리이고, 허벅마디가 특히 비대하고 아랫면에는 가
시돌기가 있다.

◉ 생태
산간계류, 연못, 저수지, 늪지, 물웅덩이, 온수로, 논
등에 서식하고 수생식물이 많고 물이 얕은 곳에 많다.
수서 곤충이나 작은 물고기를 잡아서 체액을 빨아먹
는다. 배 끝에 달린 한 쌍의 호흡관을 물 위로 내놓고
호흡한다.

◉ 분포
한국, 일본

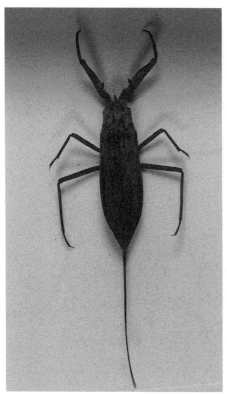

사진 161-1. 장구애비 성충(표본)

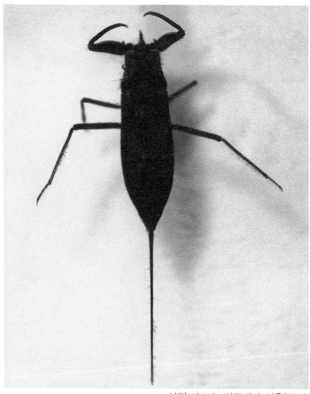

사진 161-2. 장구애비 성충(실물)

절지동물문〉곤충강〉노린재목〉장구애비과
ARTHROPODA〉Insecta〉Hemiptera〉Nepidae

◉ **특징**

성충의 체장은 호흡관을 제외하고 21mm내외이고, 체형은 납작한 타원형이며, 체색은 회갈색 또는 흑갈색이다. 머리는 작고 앞으로 돌출되어 있고, 중앙 종주선을 따라 볼록하다. 앞가슴 등판은 옆가장자리의 앞모서리가 둥글게 돌출되었으나, 뒷모서리는 둔각을 이룬다. 앞날개는 바깥가장자리가 둥글게 확장되었으며, 막질부는 배 끝 숨관의 기부까지 도달한다. 앞다리는 포획다리이고 허벅마디는 비대하다. 체폭이 넓고 꼬리아가미와 호흡관이 짧아 장구애비과 구별된다.

◉ **생태**

산간계류, 연못, 저수지, 늪지, 물웅덩이, 온수로, 논 등에 서식하고 수생식물이 많고 물이 얕은 곳에 많다. 물속에 낙엽층 사이에서 보호색을 띠고 있고, 작은 어류나 올챙이등의 체액을 빨아 먹는다.

◉ **분포**

한국, 일본

사진 162-1. 메추리장구애비 성충(표본)

사진 162-2. 메추리장구애비 성충(실물)

# 163. 게아재비 *Ranatra chinensis* (Mayr)

절지동물문〉곤충강〉노린재목〉장구애비과
ARTHROPODA〉Insecta〉Hemiptera〉Nepidae

### ◉ 특징
성충의 체장은 호흡관을 제외하고 45㎜내외이고, 체
형은 가늘고 긴 원통형이며, 체색은 황갈색이다. 머리
는 작고, 앞가슴등 앞쪽의 반 이상은 가늘고 원통형이
며, 뒤쪽은 폭이 넓다. 몸의 아랫면은 균일하게 오황
색이고, 앞가슴등의 원통형 부분의 아랫면 중앙에는
흑색줄이 있다. 앞다리의 포획각이고, 황색이며, 밑마
디의 뒷면은 흑갈색이고, 밑마디는 대단히 길며, 넓적
다리마디는 밑쪽이 굵고, 중앙에서 약간 위쪽으로 안
쪽에 강대한 가시모양의 돌기가 있다. 가운데다리와
뒷다리는 대단히 가늘고, 유영각이다. 방게아재비에
비해 체장이나 호흡관의 길이가 길다.

### ◉ 생태
산간계류, 연못, 저수지, 늪지, 물웅덩이, 온수로, 논
등에 서식하고, 장구애비보다 물이 깊고 수초가 무성
한 곳에 많이 분포한다.

### ◉ 분포
한국, 일본, 중국

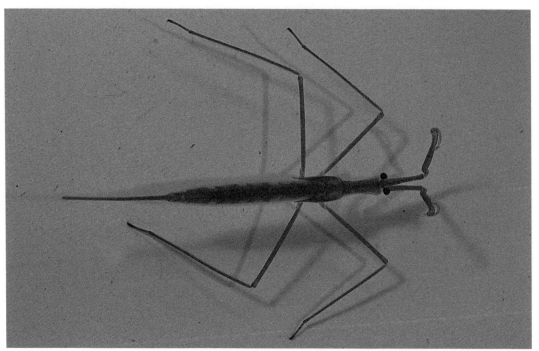

사진 163-1. 게아재비 유충(등면)

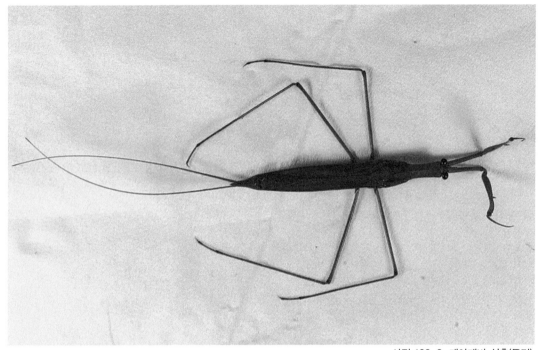

사진 163-2. 게아재비 성충(등면)

사진 163-3. 게아재비 서식지

# 164. 방게아재비 *Ranatra unicolor* (Scott)

절지동물문〉곤충강〉노린재목〉장구애비과
ARTHROPODA〉Insecta〉Hemiptera〉Nepidae

◉ **특징**
성충의 체장은 호흡관을 제외하고 30㎜내외이고, 체형은 가늘고 긴 원통형이며, 체색은 황갈색이다. 머리는 작고, 앞가슴등의 전반은 원통형이고 후반은 폭이 넓다. 앞다리는 포획각이고, 밑마디는 길며, 넓적다리마디의 중앙부에 작은 가시가 있고 그 옆뒤쪽에 센털다발이 있는 융기가 있다. 게아재비와 비슷하나 훨씬 작고, 호흡관의 길이는 체장의 약 2/3정도로 짧아 반토막 난 것처럼 보인다.

◉ **생태**
연못, 저수지, 늪지, 물웅덩이, 온수로, 논 등에 서식하고, 수초가 무성한 곳에 많이 분포한다.

◉ **분포**
한국, 일본, 중국

사진 164-1. 방게아재비 성충(표본)

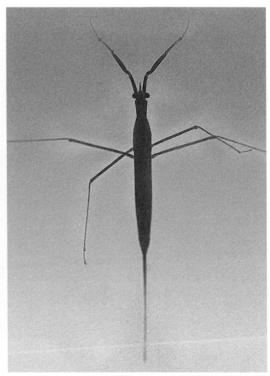

사진 164-2. 방게아재비 성충(실물)

## 165. 각시물자라 *Diplonychus esakii* (Miyamoto et Lee)

절지동물문〉곤충강〉노린재목〉물장군과
ARTHROPODA〉Insecta〉Hemiptera〉Belostomatidae

◉ **특징**

체장은 15-20㎜내외로 물자라보다 조금 작거나 같고, 난형이다. 등면의 체색은 황갈색~갈색이지만 물자라와는 달리 연녹색을 띠며, 광택이 있다. 특히 가슴과 몸통의 등면의 태두리가 연녹색을 띠고, 날개끝에서 밖으로 나온 몸통의 검은 선무늬가 뚜렷하다. 앞다리는 1마디로 되어 있고 앞날개 혁질부의 망목사의 날개맥은 거의 없다.

◉ **생태**

주로 저수지, 물웅덩이 및 온수로 등에 서식하며, 육식성이다. 꼬리 끝에는 신축(伸縮)이 가능한 짧은 숨쉬는 호흡관이 있어서 이것을 수면에 내밀어 숨을 쉰다. 물속에 사는 작은 곤충, 올챙이, 어린 물고기 등의 체액을 빨아 먹는다. 교미 후 암컷은 물 속에서 수컷의 등에 알을 낳고, 수컷은 알이 잘 자라도록 가끔 물 위로 올라와 햇빛과 공기를 공급한다. 유충은 수컷의 등에서 부화하고 그 모양은 성충과 비슷하지만 날개가 없다. 성충은 5월부터 10월까지 관찰된다.

◉ **분포**

한국, 일본, 대만, 동남아시아

사진 165-1. 각시물자라 성충(등면)

# 166. 큰물자라 *Muljarus major* (Esaki)

절지동물문〉곤충강〉노린재목〉물장군과
ARTHROPODA〉Insecta〉Hemiptera〉Belostomatidae

◉ 특징

성충의 체장은 25㎜내외이며, 체형은 난형이고 끝쪽으로 갈수록 넓어지며, 체색은 황갈색이다. 머리는 폭이 넓은 삼각형 모양이며 앞으로 돌출하였다. 앞가슴등판은 폭이 넓고 뒤쪽 2/3부위에 가로홈이 있다. 앞날개는 광택이 있고 혁질부에는 그물눈형의 날개맥이며 막질부는 좁고 배 끝까지 도달한다. 앞다리는 포획다리를 형성하고 발톱이 2개이다. 앞다리는 포획각이고, 밑마디는 길며, 넓적다리마디의 중앙부에 작은 가시가 있고 그 옆뒤쪽에 센털다발이 있는 융기가 있다. 게아재비와 비슷하나 훨씬 작고, 호흡관의 길이는 체장의 약 2/3정도로 짧아 반 토막 난 것처럼 보인다. 가운데다리와 뒷다리는 헤엄다리를 형성하며 종아리마디에는 잔털이 한 방향으로 밀생한다. 물자라와 비슷하나 몸이 큰 점에서 구별되고, 생식관이 물자라보다 짧다.

◉ 생태

연못, 저수지, 늪지, 물웅덩이, 온수로, 논 등에 서식하고, 수초가 무성한 곳에 많이 분포한다.작은 어류나 올챙이등의 체액을 빨아 먹고, 암컷은 수컷의 등에 알덩이를 산란하여 부착시키고, 수컷은 부화할 때까지 부착하여 다니며 돌본다.

◉ 분포

한국, 일본, 중국

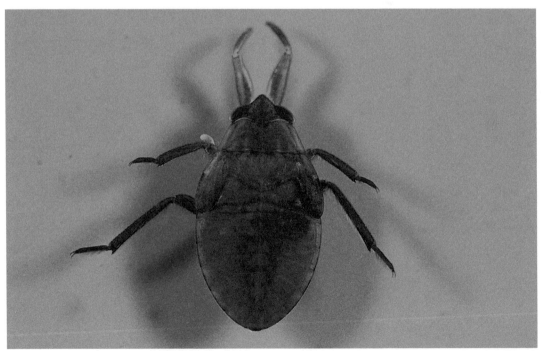

사진 166-1. 큰물자라 유충(등면)

사진 166-2. 큰물자라 성충(등면)

사진 166-3. 큰물자라 성충

사진 166-4. 큰물자라 성충

## 167. 물자라 *Muljarus japonicus* (Vuillefroy)

절지동물문〉곤충강〉노린재목〉물장군과
ARTHROPODA〉Insecta〉Hemiptera〉Belostomatidae

### ◉ 특징
성충의 체장은 21mm내외이며, 체형은 난형이고 끝쪽
으로 갈수록 넓어지며, 체색은 황갈색이다. 머리는 폭
이 넓은 삼각형 모양이며 앞으로 돌출하였다. 앞가슴
등판은 폭이 넓고 뒤쪽 2/3부위에 가로홈이 있다. 앞
날개는 광택이 있고 혁질부에는 그물눈형의 날개맥이
며 막질부는 좁고 배 끝까지 도달한다. 앞다리는 포획
다리를 형성하고 발톱이 2개이다. 앞다리는 포획각이
고, 밑마디는 길며, 넓적다리마디의 중앙부에 작은 가
시가 있고 그 옆뒤쪽에 센털다발이 있는 융기가 있다.
게아재비와 비슷하나 훨씬 작고, 호흡관의 길이는 체
장의 약 2/3정도로 짧아 반 토막 난 것처럼 보인다.
가운데다리와 뒷다리는 헤엄다리를 형성하며 종아리
마디에는 잔털이 한 방향으로 밀생한다.

### ◉ 생태
연못, 저수지, 늪지, 물웅덩이, 온수로, 논 등에 서식
하고, 수초가 무성한 곳에 많이 분포한다.작은 어류나
올챙이등의 체액을 빨아 먹고, 암컷은 수컷의 등에 알
덩이를 산란하여 부착시키고, 수컷은 부화할 때까지
부착하여 다니며 돌본다.

### ◉ 분포
한국, 일본, 중국

사진 167-1. 물자라 성충(좌:♂, 우:♀)

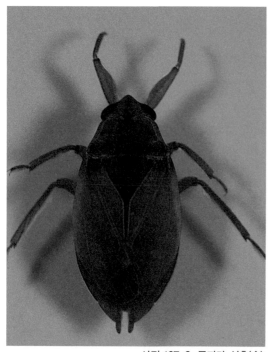

사진 167-2. 물자라 성충(♂)

사진 167-3. 물자라 성충(♀)

사진 167-4. 물자라 성충(♂, 등면의 알, 표본)

사진 167-5. 물자라 성충(♂, 등면의 알, 실물)

## 168. 물벌레 *Hesperocorixa distanti* (Kirkaldy)

절지동물문〉곤충강〉노린재목〉물벌레과
ARTHROPODA〉Insecta〉Hemiptera〉Corixidae

### ● 특징
성충의 체장은 11.5mm내외이다. 가슴 등판의 흑색 횡
띠무늬는 11개 내외이다. 두 번째로 큰 물벌레로서 제
일 큰 왕물벌레보다는 크기가 조금 작고 가슴등판의
검은 줄무늬가 짙으며 전체적인 체색이 암흑색이고
이마가 왕물벌레보다 뾰족하다. 뒷다리를 보트의 노
와 같이 움직여서 수중을 헤엄치기 때문에, 뒷다리절
에는 긴 털이 밀집해 있다.

### ● 생태
연못, 물웅덩이, 온수로 등에 서식하지만, 수초가 무
성한 곳에 많이 서식한다. 월동한 성충은 3월경에 산
란하며, 새로운 성충은 6월경에 출현한다. 먹이를 물
장군과 같이 소(小)동물을 잡아서 체액을 흡수한다.

### ● 분포
한국, 일본, 중국
※ 채집지: 양평

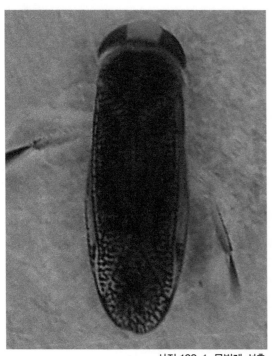
사진 168-1. 물벌레 성충

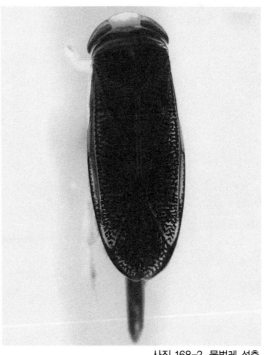
사진 168-2. 물벌레 성충

# 169. 왕물벌레 *Hesperocorixa kolthoffi* (Lundblad)

절지동물문〉곤충강〉노린재목〉물벌레과
ARTHROPODA〉Insecta〉Hemiptera〉Corixidae

### ◉ 특징
성충의 체장은 12㎜내외이며, 물벌레 중 가장 크다. 체색은 연한 청황색에 미세한 흑색 줄무늬가 발달해 있고, 머리끝은 둥글고 머리부터 2/3 지점 부근의 체폭이 가장 넓다. 더듬이는 4마디이다. 맨끝마디는 가늘고 특히 선단을 향해서 가늘어지고, 길게 굽은 털이 나 있다. 앞가슴등의 흑색 가로띠는 10개이고, 표면의 미세한 주름은 뚜렷하지 않다. 수컷의 앞다리 확부절은 종아리마디보다 길고, 단추 모양의 작은돌기가 30개 정도 나 있고 진한 자색이다. 물벌레가 일자형 체형인 것과 구별된다.

### ◉ 생태
연못, 물웅덩이 등의 수초가 무성한 곳에 서식하나 개체수가 많지는 않다.

### ◉ 분포
한국, 중국

사진 169-1. 왕물벌레 성충

사진 169-2. 왕물벌레 성충

## 170. 방물벌레 *Sigara (Tropocorixa) substriata* (Uhler)

절지동물문〉곤충강〉노린재목〉물벌레과
ARTHROPODA〉Insecta〉Hemiptera〉Corixidae

### ◉ 특징
성충의 체장은 6.5㎜내외이며, 등판의 채색은 담청황
색에 흑갈색 줄무늬가 있고 담색부분은 넓고 밝게 보
인다. 머리는 황색이고, 앞가장자리는 둥글며, 겹눈은
크고 황색이다. 수컷의 안면 중앙부는 약간 옴푹하다.
앞가슴등의 흑색띠무늬는 8~9개이고 미세한 주름은
앞가슴등에 뚜렷하다. 몸의 아랫면은 황색부와 흑갈
색부가 혼재하고, 수컷의 생식구는 좌우 이형이고 오
른쪽 것은 활모양으로, 왼쪽 것은 둔각을 굽어 있다.

### ◉ 생태
연못, 물웅덩이, 온수로, 논 등에 서식하고 특히 논에
많으며 수초가 많지 않아 활동공간이 확보된 곳에 많
이 서식한다.

### ◉ 분포
한국, 일본, 중국

사진 170-1. 방물벌레 성충

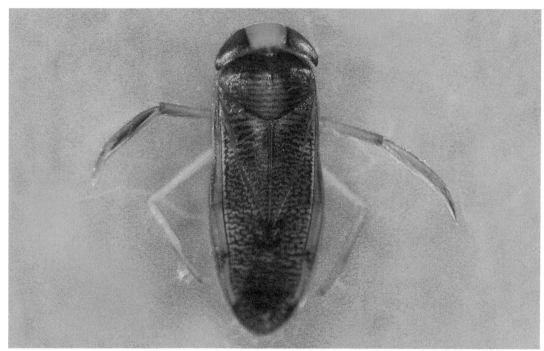

사진 170-2. 방물벌레 성충

사진 170-3. 방물벌레 성충

## 171. 검정배물벌레 *Sigara (Tropocorixa) nigroventralis* (Matsumura)

절지동물문〉곤충강〉노린재목〉물벌레과
ARTHROPODA〉Insecta〉Hemiptera〉Corixidae

◉ **특징**
성충의 체장은 5.5㎜내외이다. 등판의 체색은 담청황색에 흑갈색 횡띠무늬가 있고, 가슴등판의 흑색 횡줄무늬 부분의 폭이 넓다. 방물벌레보다 조금 작고 특히 배 부분의 체색이 흑색을 띤다.

◉ **생태**
연못, 물웅덩이, 온수로 등에 서식하지만, 논에서 증식이 가장 많고, 특히 수초가 적어서 활동공간이 확보된 곳에 많이 서식한다. 방물벌레와 더불어 보통으로 채집되는 종이고, 전국적으로 가장 흔하게 분포하는 종이다. 식물의 액을 빨아먹는 초식성이다. 노와 같은 뒷다리로 헤엄치지만 거꾸로 헤엄치지는 않는다. 등화에 잘 날아온다.

◉ **분포**
한국, 일본, 중국

사진 171-1. 검정배물벌레 성충(등면)

사진 171-2. 검정배물벌레 성충(배면)

사진 171-3. 검정배물벌레 성충(상:등면, 하:배면)

사진 171-4. 검정배물벌레 성충(등면)

## 172. 진방물벌레 *Sigara (Sigara) bellula* (Horvath)

절지동물문〉곤충강〉노린재목〉물벌레과
ARTHROPODA〉Insecta〉Hemiptera〉Corixidae

◉ **특징**
성충의 체장은 5.9㎜내외이다. 수컷 머리는 앞쪽이 정
삼각형의 꼭지점처럼 강하게 솟아있다. 가슴등판의
흑갈색 횡띠무늬는 7~8개이다. 머리의 배면이 이상
적으로 납작하다.

◉ **생태**
연못, 물웅덩이, 온수로 등에 서식하지만, 논에서 증
식이 가장 많고, 특히 수초가 적어서 활동공간이 확보
된 곳에 많이 서식한다.

◉ **분포**
한국, 일본

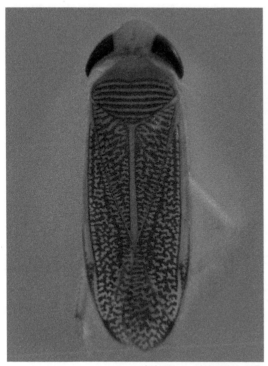
사진 172-1. 진방물벌레 성충

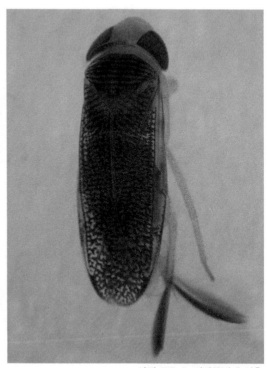
사진 172-2. 진방물벌레 성충

## 173. 대만물벌레 *Sigara (Sigara) formosana* (Matsumura)

절지동물문〉곤충강〉노린재목〉물벌레과
ARTHROPODA〉Insecta〉Hemiptera〉Corixidae

◉ **특징**
성충의 체장은 4.6㎜내외이다. 체색은 황색에 갈색무
늬가 있으며, 머리는 황색, 겹눈은 갈색이다. 머리 앞
쪽이 초승달처럼 둥글고, 더듬이는 4마디이다. 앞가
슴 등면은 6개의 불규칙한 갈색 띠무늬가 있다. 배면
과 다리는 황백색이다.

◉ **생태**
저수지, 연못, 물웅덩이, 온수로 등에 서식하지만, 논
에서 증식이 가장 많다. 특히, 수초가 적어 활동공간
이 있는 담수 휴경논 또는 수로에 많이 서식한다.

◉ **분포**
한국, 일본, 대만

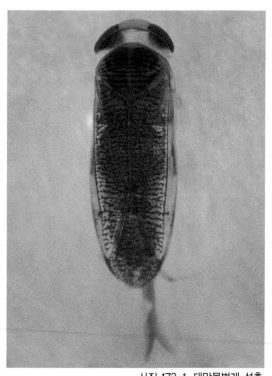
사진 173-1. 대만물벌레 성충

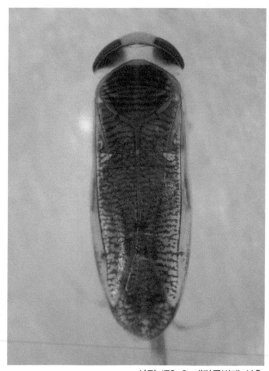
사진 173-2. 대만물벌레 성충

## 174. 어리방물벌레 *Sigara (Pseudovermicorixa) septemlineata* (Paiva)

절지동물문〉곤충강〉노린재목〉물벌레과
ARTHROPODA〉Insecta〉Hemiptera〉Corixidae

◉ **특징**
성충의 체장은 6㎜내외이다. 머리는 앞쪽이 초승달처럼 둥글고 국내에서 보고 된 Sigara속 중 두 번째로 크고, 방물벌레보다는 조금 작다.

◉ **생태**
저수지, 연못, 물웅덩이, 온수로 등에 서식하지만, 논에서 증식이 가장 많고, 특히 수초가 적어서 활동공간이 확보된 담수 휴경논 또는 수로에 많이 서식한다. 등화에 자주 날아온다.

◉ **분포**
한국, 일본

사진 174-1. 어리방물벌레 성충

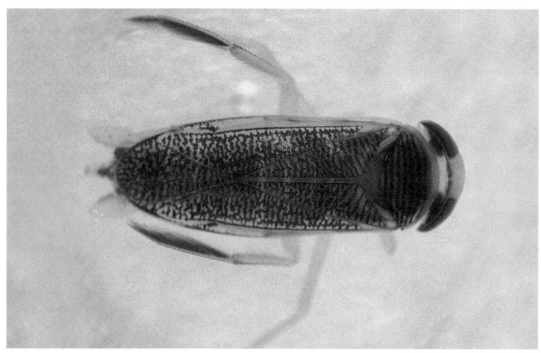

사진 174-2. 어리방물벌레 성충

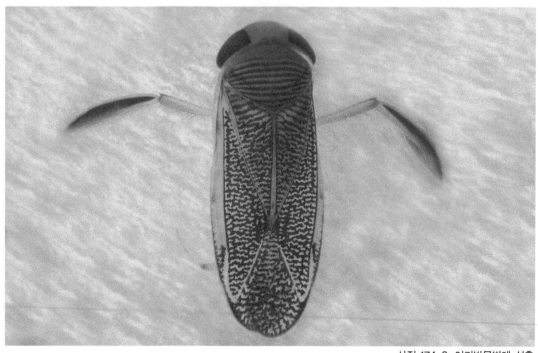

사진 174-3. 어리방물벌레 성충

## 175. 꼬마물벌레 *Micronecta (Basilionecta) sedula* (Horvath)

절지동물문〉곤충강〉노린재목〉물벌레과
ARTHROPODA〉Insecta〉Hemiptera〉Corixidae

### ◉ 특징
성충의 체장은 3㎜내외이다. 체형은 난형이다. 머리는 황갈색이고, 앞날개에는 4줄의 암갈색 줄무늬가 있고, 광택이 있다. 앞다리 발톱은 가늘고 곤봉상이다. 더듬이는 3마디이며, 가운데 마디가 가장 짧고 맨끝마디는 편평한 타원형의 잎모양이고, 외면에는 많은 긴 털이 있다.

### ◉ 생태
평지형 저수지에 다량 서식하고, 하천을 관개용수로 이용하는 인접 논에서 채집된다. 등불에 날아온다. 수컷은 "지지지.."소리를 낸다.

### ◉ 분포
한국, 일본, 중국
※ 채집지: 경기도 화성군 팔탄면 덕유지, 수원시 서둔동

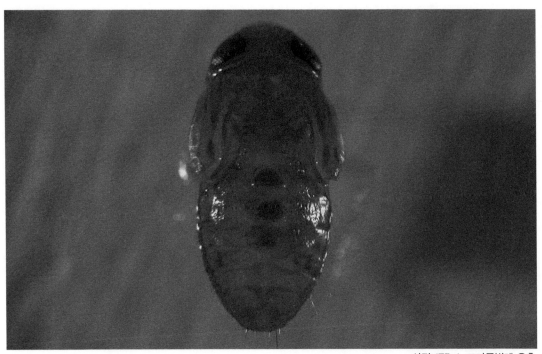

사진 175-1. 꼬마물벌레 유충

사진 175-2. 꼬마물벌레 성충(단시형)

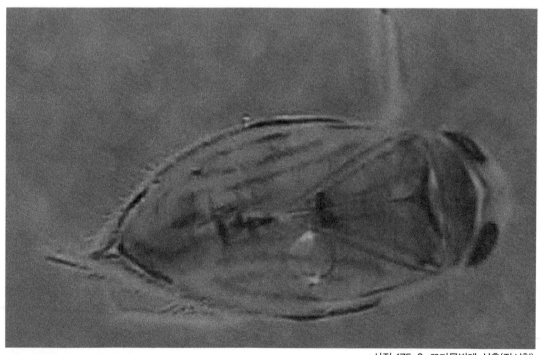

사진 175-3. 꼬마물벌레 성충(장시형)

## 176. 동쪽꼬마물벌레 *Micronecta (Basilionecta) sahlbergii* (Jakovlev)

절지동물문〉곤충강〉노린재목〉물벌레과
ARTHROPODA〉Insecta〉Hemiptera〉Corixidae

◉ **특징**
성충의 체장은 3.2㎜내외이다. 체형은 난형이다. 머리의 체색은 황갈색이고, 앞날개에는 4줄의 암갈색 줄무늬가 있다. 가슴과 뒷날개 등판의 체색은 암청색이다. 앞다리 발톱은 넓고 주걱상이다.

◉ **생태**
평지형 저수지 및 간척지의 담수심이 얕은 곳에서 다량 서식하며, 이와 인접한 논에서도 채집된다. 성충 수컷은 "지지지.."소리를 낸다.

◉ **분포**
한국, 일본

사진 176-1. 동쪽꼬마물벌레 성충(등면)

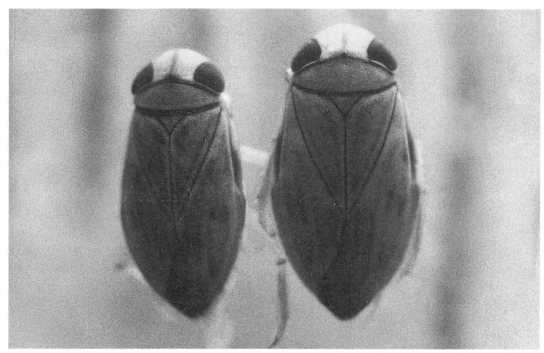

사진 176-2. 동쪽꼬마물벌레 성충(좌:♂, 우:♀)

사진 176-2. 동쪽꼬마물벌레(좌:♂, 중:♀, 우:유충, 크기비교)

## 177. 꼬마손자물벌레 *Micronecta (Micronecta) guttata* (Matsumura)

절지동물문〉곤충강〉노린재목〉물벌레과
ARTHROPODA〉Insecta〉Hemiptera〉Corixidae

### ◉ 특징
성충의 체장은 2.2㎜내외이다. 체형은 난형이다. 머리는 황색이고, 등판은 황갈색이다. 더듬이는 3개이고, 가운데 마디가 가장 짧고 가늘며 폭과 길이가 거의 같고, 맨 끝마디는 가장 크고 편평한 타원형의 잎모양이고, 기부를 제외하고 많은 털이 나 있다. 국내 기록된 물벌레 중 가장 작다.

### ◉ 생태
주로 하천변에 서식하며, 자갈 밑에 붙어서 활동한다. 하천을 논으로 개답한 곳에서 채집된다. 등불에 날아든다.

### ◉ 분포
한국, 일본, 중국
※ 채집지: 금강 상류

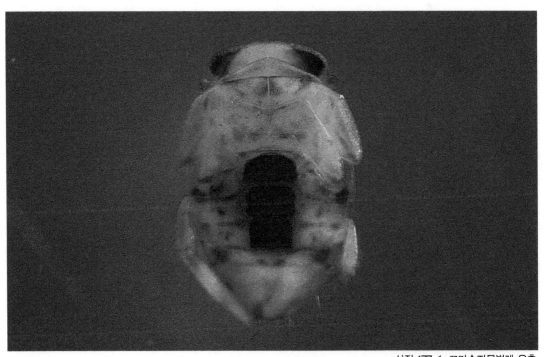

사진 177-1. 꼬마손자물벌레 유충

사진 177-2. 꼬마손자물벌레 성충

사진 177-3. 꼬마손자물벌레 성충

## 178. 물둥구리 *Ilyocoris exclamationis* (Scott)

절지동물문〉곤충강〉노린재목〉물둥구리과
ARTHROPODA〉Insecta〉Hemiptera〉Naucoridae

◉ **특징**

체장은 12㎜내외이고, 체형은 타원형이다. 살아있을 때는 앞가슴등판과 겉날개 기부는 녹색으로 광택이 나지만, 죽은 후에는 황색으로 변색한다. 겉날개는 배 끝까지 이르는 장시형이다. 홑눈이 없으며, 더듬이는 4마디이다. 구기(口器)는 3~4마디로 이루어져 있으며 대체로 짧다. 앞다리의 넓적다리마디는 크며 1마디로된 발목마디와 종아리마디는 포획다리이며 발톱은 없다. 가운뎃다리와 뒷다리는 헤엄치기 알맞게 종아리아디와 발목마디에 긴 털이 있다. 배마디 끝의 검은 무늬와 크기가 각시물자라와 비슷하지만, 본종은 머리의 앞부분이 둥글고, 물자라는 삼각형이다.

◉ **생태**

부들 등의 수생식물이 많고 비교적 수심이 깊은 연못에 주로 서식한다. 낮에는 용존산소가 많은 수면 근처의 수초 아래에 잠복해 있다가, 야간에 활발히 활동한다. 작은 물고기가 곤충을 잡아서 체액을 빨아 먹는다. 산란은 식물의 조직 내에 한다. 4월 중순부터 10월까지 활동한다.

◉ **분포**

한국, 일본, 중국
※ 채집지: 경남 함안군 법수면

사진 178-1. 물둥구리 성충(등면, 실물)

사진 178-2. 물둥구리(배면, 실물)

사진 178-3. 물둥구리(수중 유영)

사진 178-4. 물둥구리 서식지

## 179. 딱부리물벌레 *Ochterus marginatus* (Latreille)

절지동물문〉곤충강〉노린재목〉딱부리물벌레
ARTHROPODA〉Insecta〉Hemiptera〉Ochteridae

### ● 특징
체장은 5mm내외이고, 체형은 타원형으로 작다. 등면의 체색은 흑색이고 회백색 및 황갈색의 작은 반점무늬가 있다. 특히 겉으로 두드러지게 불거진 눈을 가지고 있고, 앞가슴 양쪽에 황색의 무늬가 선명하다. 더듬이는 4마디이고, 눈 아래쪽에 숨겨져 있어 잘 보이지 않지만 등쪽에서 볼 수 있다. 구기는 4마디로 구성되어 있으며, 첫째 마디는 머리와 넓게 연접하고, 두 번째는 짧으며, 세 번째는 길고 끝으로 갈수록 가늘어진다. 다리는 가늘어서 포획지로서의 역할보다는 뛰는데 적합하여 갯노린재들과 같이 채집시에 톡톡 뛰어 달아난다.

### ● 생태
주로 유수나 정수의 물가 또는 습지의 수변에 서식하며 육식성이다. 도약 후에 단거리를 날아간다. 알은 산란관을 통하여 진흙 속에 낳는다.

### ● 분포
한국, 일본

사진 179-1. 딱부리물벌레 성충

사진 179-2. 딱부리물벌레 성충

## 180. 애송장헤엄치게 *Anisops ogasawarensis* (Matsumura)

절지동물문〉곤충강〉노린재목〉송장헤엄치게과
ARTHROPODA〉Insecta〉Hemiptera〉Notonectidae

### ● 특징
성충의 체장은 6.8㎜내외이다. 체형은 가는 원통형으로 끝으로 갈수록 좁아진다. 몸은 회갈색이고, 머리는 짧고 황백색이다. 앞가슴 등면은 광택이 강하고 황백색이다. 배는 황색이며, 다리는 대부분 오황색이고, 넓적다리마디에는 흑색 부분이 있다. 뒷다리는 유영각이고 종아리마디와 발목마디에 긴 털이 많다.

### ● 생태
남부지역의 왕우렁이 농법을 하여 농약을 치지 않는 논에 대량 서식하며, 제주도, 마라도 등에서는 물웅덩이에 대량 서식한다. 그러나 중부이북지역에서는 드물게 저수지, 물웅덩이에서 채집된다. 송장헤엄치게처럼 수면 바로 아래가 아닌 중층(中層)에서 배를 위로 향하도록 누워서 헤엄친다. 수컷은 앞다리의 종아리마디 기부에 있는 마찰줄과 주둥이 제3마디의 측돌기와의 마찰로 소리를 낸다.

### ● 분포
한국, 일본, 중국
※ 채집지: 장수군 왕우렁이 재배 논, 마라도, 제주도, 경기도 서둔동

사진 180-1. 애송장헤엄치게 유충

사진 180-2. 애송장헤엄치게 성충(등면)

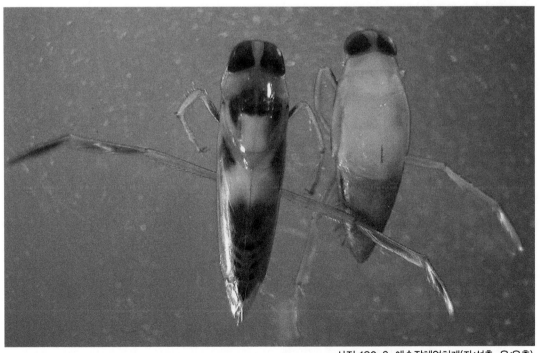

사진 180-3. 애송장헤엄치게(좌:성충, 우:유충)

# 181. 물장군 Lethocerus deyrollei (Vuillefroy)

절지동물문〉곤충강〉노린재목〉물장군과
ARTHROPODA〉Insecta〉Hemiptera〉Belostomatidae

## ◉ 특징

몸길이 48~65mm이다. 한국에 서식하는 수서곤충 중에서 가장 큰 곤충이다. 몸의 체색은 회갈색 또는 갈색이다. 머리는 작으며 겹눈은 광택이 나는 갈색이다. 촉각은 4마디이지만 각 마디의 옆으로 여러 형태의 돌기가 있으며 겹눈 밑에 가려져 있다. 주둥이는 짧고 크고강인하다. 앞가슴 등판 뒤쪽에 가로 홈이 있고 조금 앞쪽은 중앙선을 따라 오목하다.

작은 방패판은 세모꼴이고 중앙에 융기선이 있다. 앞날개 앞부분은 단단하고 끝부분의 날개맥은 대체로 평행하지만 불규칙하다. 배면은 중앙선을 따라 솟아 있다. 앞다리는 포획지로 변형되고 끝이 1개의 발톱으로 수생동물을 잡아먹는 데 적합하게 적응되있다. 가운데와 뒷다리 종아리 마디와 발목마디에 긴털이 있고 수중생활에 알맞게 변형되었다. 발목마디는 납작하고 3마디이지만 제1마디는 퇴화해 흔적만 남아 있다. 배끝에 짧은 호흡관이 있다.

## ◉ 생태

70년대 중반까지는 연못, 저수지, 늪지, 논내물웅덩이, 농수로등에 많이 서식하였고 표면적5-6평정도의 물웅덩이에 4-5마리정도 볼수 있는 정도였다. 반면 산란처는 수초가 무성하고 수심이 낮아 햇볕이 잘들고 유충의 먹이가 풍부한곳에 많이 분포한다.먹이는 작은 어류나 올챙이등의 체액을 빨아 먹고, 암컷은 줄기가 굵은 화본과 수초나 나무가지등에 알를 부착 산란하고 수컷은 부화할 때까지 보호하며 돌본다.수컷은 부성애로 유명하며 수컷이 한밤에 물 밖으로 나와 자신의 몸에 붙은 물방울로 알에 수분을 공급한다. 10일이면 부화하고 부화시기가되면 알은 2배정도커저 알이 깨지고 부화된다.

## ◉ 분포

한국, 일본, 중국,대만

사진 181-1. 물장군 약충(등면)

사진 181-2. 물장군 성충(등면)

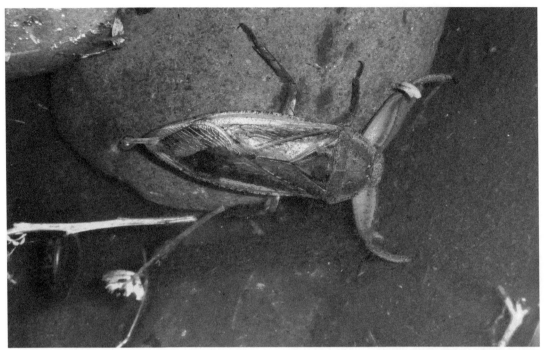

사진 181-3. 물장군 성충(실물 등면)

사진 181-4. 물장군 산란 및 성장 서식지

절지동물문〉곤충강〉노린재목〉송장헤엄치게과
ARTHROPODA〉Insecta〉Hemiptera〉Notonectidae

◉ **특징**
성충의 체장은 13.2㎜내외이다. 체형은 굵은 원통형으로 끝부분이 급격히 좁아진다. 눈은 붉은색이다. 유충의 배의 등면은 연녹색으로 눈에 잘 띈다.

◉ **생태**
소규모 저수지나 물웅덩이, 온수로, 휴경논 등에 서식한다. 전국적으로 분포하는 종이며, 물웅덩이의 물이 유입되는 논에서 많이 서식한다. 배를 위로하여 뒷다리를 보트의 노처럼 움직이면서 수중을 헤엄쳐 다닌다. 호흡은 수면에 엉덩이를 내어서 말단에 있는 기문으로 한다. 수중에서는 배에 기포를 만들어서 부력을 가지고 있다. 소동물 등의 먹이가 수면에 떨어지면,

수면에서 발생하는 진동으로 먹이를 감지하며, 먹이에 입을 찔러 체액을 빨아 먹는다. 4월에서 10월까지 활동한다.

◉ **분포**
한국, 일본
※ 채집지: 경기도 서둔동, 강원도 둔내면

사진 182-1. 송장헤엄치게 유충(표본)

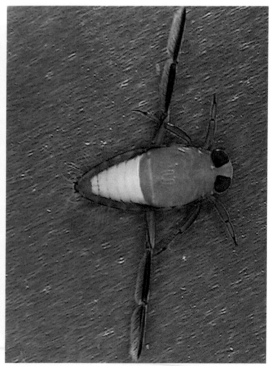

사진 182-2. 송장헤엄치게 유충(실물)

사진 182-3. 송장헤엄치게 성충(♀)

사진 182-4. 송장헤엄치게 성충(♂)

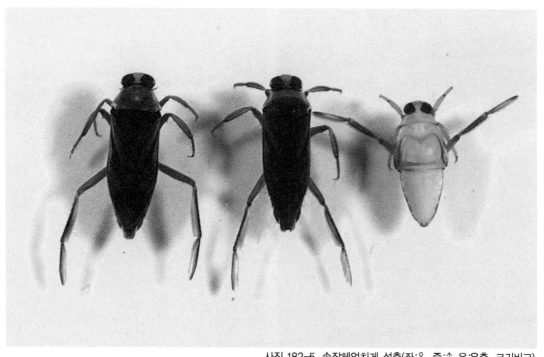

사진 182-5. 송장헤엄치게 성충(좌:♀, 중:♂ 우:유충, 크기비교)

# 183. 꼬마둥글물벌레 *Plea (Paraplea) indistinguenda* (Matsumura)

절지동물문〉곤충강〉노린재목〉둥글물벌레과
ARTHROPODA〉Insecta〉Hemiptera〉Pleidae

◉ **특징**

성충의 체장은 1.9mm내외이다. 체형은 배의 등면이 보록하다. 체색은 일반적으로 연한 황백색이고, 약간 갈색을 띠는 경우도 있다. 눈은 검붉은 색이고 머리 중앙의 얼굴면에 종선으로 융기선이 있어 둥글물벌레와 구별된다.

◉ **생태**

소규모 저수지나 물웅덩이, 온수로, 휴경논 등에 주로 서식한다. 적은 개체수가 있는 논에서 무농약관리 6~8년이 되면, 논물 6L당 10~20마리 전후로 증가한다. 토양 내에서 월동하고, 월동한 개체는 1회 2~3마리정도 증식한다. 전국적으로 분포하고, 환경변화에 반응을 나타내며 포식성이 강한 종으로 좋은 지표종이다. 배를 위로 향하고 헤엄친다.

◉ **분포**

한국, 일본

사진 183-1. 꼬마둥글물벌레 성충(등면)

사진 183-2. 꼬마둥글물벌레 성충(복면)

사진 183-3. 꼬마둥글물벌레 성충(측면, 표본)

사진 183-4. 꼬마둥글물벌레 성충(측면, 표본)

사진 183-5. 꼬마둥글물벌레 서식지

# 184. 갯노린재 *Saldula saltatoria* (Linne)

절지동물문〉곤충강〉노린재목〉갯노린재과
ARTHROPODA〉Insecta〉Hemiptera〉Saldidae

◉ 특징
성충의 체장은 3~4㎜내외이다. 뒷날개에는 갈색, 백색, 검은색의 무늬가 있고, 전체적으로는 흑색이 많다. 겹눈은 흑갈색이고 매우 크며, 콩팥 모양이다. 더듬이는 4마디이고 암갈색을 띤다.

◉ 생태
평지인 들, 논, 하천변의 습지에 많이 서식한다. 무리지어 서식하며, 짧은 거리를 난다.

◉ 분포
한국, 일본, 유럽
※ 채집지: 경기도 서둔동

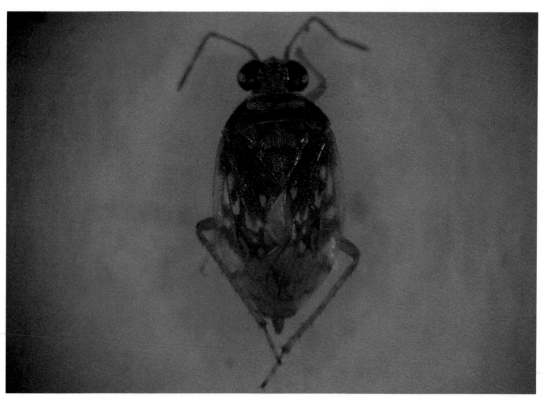

사진 184-1. 갯노린재 성충(몸의 등면 흰점무늬)

사진 184-2. 갯노린재 성충

사진 184-3. 갯노린재 성충

# 185. 물노린재 *Mesovelia vittigera* (Horvath)

절지동물문〉곤충강〉노린재목〉물노린재과
ARTHROPODA〉Insecta〉Hemiptera〉Mesoveliidae

◉ **특징**
성충의 체장은 2.5~3.5mm내외이다. 체형은 원통형이
다. 체색은 녹색을 띠지만, 죽은 후 표본은 황록색 또
는 암황색으로 변한다. 보통 날개가 없는 무시형(無翅
形)이지만, 남부지역에서는 유시형도 볼 수 있다. 무
시형은 홑눈이 없다. 더듬이는 가늘고 길며 녹색이고,
제3마디의 선반이하는 암갈색이다. 수컷은 복부 제8
복판(腹板) 중앙에 흑색 돌기가 있다.

◉ **생태**
수초가 많은 저수지 및 습지 주변에 많이 서식한다.
난(卵) 또는 성충으로 월동한다. 산란은 식물의 조직
내에 한다.

◉ **분포**
한국, 일본
※ 채집지: 경기도 서둔동

사진 185-1. 물노린재 성충(무시형 등면)

사진 185-2. 물노린재 성충(무시형 측면)

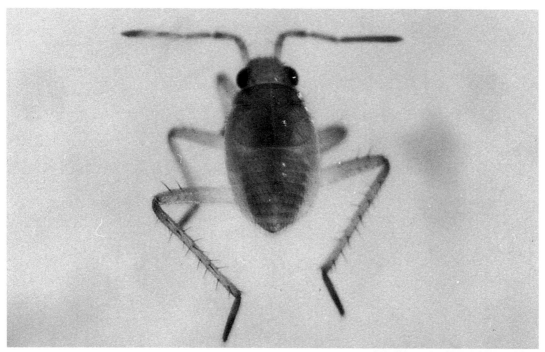

사진 185-3. 물노린재 성충(성숙단계 1)

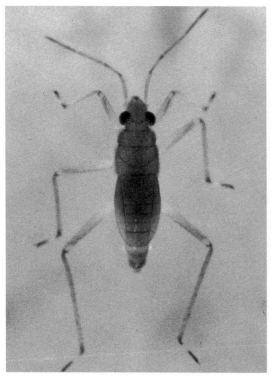

사진 185-4. 물노린재 성충(성숙단계 2)

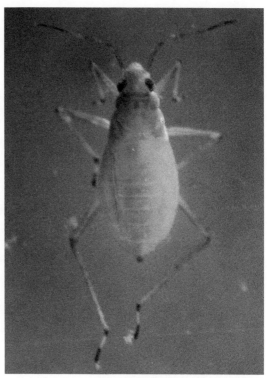

사진 185-5. 물노린재 성충(성숙단계 3)

# 186. 깨알물노린재 *Hebrus nipponicus* (Horvath)

절지동물문〉곤충강〉노린재목〉깨알물노린재과
ARTHROPODA〉Insecta〉Hemiptera〉Hebridae

◉ **특징**
성충의 체장은 2㎜내외이다. 등면은 흑갈색이 혼합되어 있고, 흰털이 많이 나 있다. 다리는 황갈색이다. 더듬이는 상당히 길고 뒷날개에 역삼각형의 꼭지점 부분에 흰털의 점무늬가 있다.

◉ **생태**
수초가 많은 저수지 및 습지 주변에 많이 서식한다. 곡간답의 물웅덩이와 논에서도 채집된다. 수면 위를 질주한다.

◉ **분포**
한국, 일본

사진 186-1. 깨알물노린재 성충

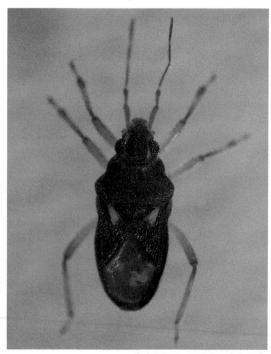

사진 186-1. 깨알물노린재 성충

절지동물문〉곤충강〉노린재목〉깨알소금쟁이과
ARTHROPODA〉Insecta〉Hemiptera〉Veliidae

◉ 특징
성충의 체장은 2mm내외이다. 유시형(有翅形)과 무시
형이 있다. 무시형의 등면은 조금 가늘고 일반적으로
흑색이지만 때론 갈색도 있다. 유시형은 뒷날개 끝 중
앙에 흰색의 1자형 무늬가 깨알소금쟁이 중 가장 뚜렷
하고, 배의 잘록한 부분의 흰색 삿갓무늬도 다른 종에
비해 뚜렷하다. 더듬이는 황갈색이며 4마디이고, 제2
마디가 가장 길다.

◉ 생태
수초가 많은 저수지 및 논의 온수로, 수로 및 논의 수
변부에 군집으로 먹이 활동을 한다. 전국 어디서나 가
장 흔히 볼 수 있는 종이다.

◉ 분포
한국, 일본

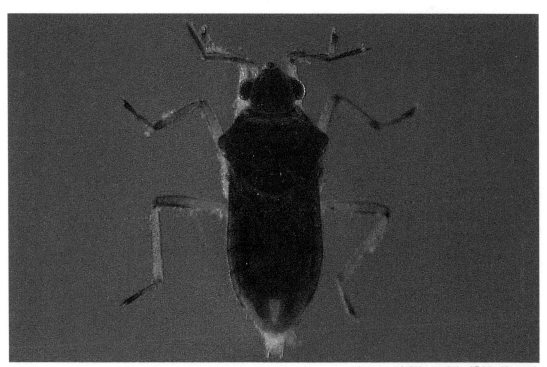

림 187-1. 긴깨알소금쟁이 성충(유시형 등면)

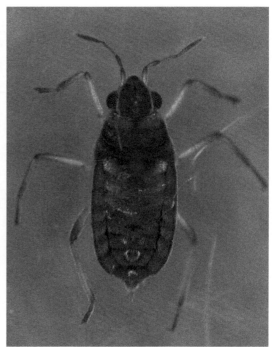

사진 187-2. 긴깨알소금쟁이 성충(무시형 등면♀)  사진 187-3. 긴깨알소금쟁이 성충(무시형 등면♂)

사진 170-4. 긴깨알소금쟁이 성충(무시형 등면)

## 188. 호르바드깨알소금쟁이 *Microvelia horvathi* (Lundblad)

절지동물문〉곤충강〉노린재목〉깨알소금쟁이과
ARTHROPODA〉Insecta〉Hemiptera〉Veliidae

### ◉ 특징
성충의 체장은 1.8mm내외로 긴깨알소금쟁이보다 조금 짧다. 유시형(有翅形)과 무시형이 있다. 무시형의 등면은 회백색 부분이 많고, 몸통 끝의 생식구가 대형으로서 중앙에서 구부러진 선단이 있다. 유시형은 뒷날개 끝 중앙에 흰색의 1자형 무늬가 긴깨알소금쟁이보다 뚜렷하지 않고, 배의 잘록한 부분의 흰색 삿갓무늬도 뚜렷하지 않다.

### ◉ 생태
수초가 많은 저수지 및 논의 온수로, 수로 및 논의 수변부에 군집으로 먹이 활동을 한다. 긴깨알소금쟁이와 더불어 논이라면 전국 어디서나 볼 수 있는 보통종이다.

### ◉ 분포
한국, 일본, 중국

188-1. 호르바드깨알소금쟁이 성충(무시형♂)

사진 188-2. 호르바드깨알소금쟁이 성충(무시형♀)

사진 188-3. 호르바드깨알소금쟁이 성충(유시형)

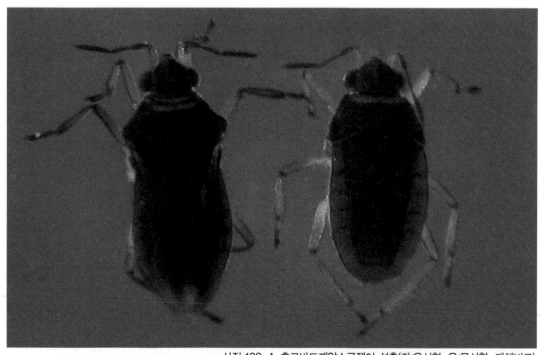

사진 188-4. 호르바드깨알소금쟁이 성충(좌:유시형, 우:무시형, 개체비교)

## 189. 얼룩깨알소금쟁이 *Microvelia reticulata* (Burmeister)

절지동물문〉곤충강〉노린재목〉깨알소금쟁이과
ARTHROPODA〉Insecta〉Hemiptera〉Veliidae

◉ 특징
성충의 체장은 1.6mm내외이다. 유시형(有翅形)과 무시형이 있다. 무시형의 등면은 흑색과 회청색을 띠는 부분이 있어 얼룩덜룩하다. 유시형의뒷날개 끝 중앙에 흰색의 1자형 무늬가 긴깨알소금쟁이, 호르바드깨알소금쟁이보다 굵다.

◉ 생태
수초가 많은 저수지, 논의 수로, 논에 서식한다.

◉ 분포
한국, 일본, 중국

사진 189-1. 얼룩깨알소금쟁이 성충(유시형, 등면)

사진 189-2. 얼룩깨알소금쟁이 성충(무시형, 등면♂)

사진 189-3. 얼룩깨알소금쟁이 성충(무시형, 등면♀)

## 190. 실소금쟁이 *Hydrometra albolineata* (Scott)

절지동물문〉곤충강〉노린재목〉실소금쟁이과
ARTHROPODA〉Insecta〉Hemiptera〉Hydrometridae

◉ **특징**
성충의 체장은 12~14mm내외이다. 체형은 가늘고 길다. 체색은 주로 암갈색이며, 흑색인 것도 있다. 수컷의 제7배마디에 세로로 오목한 부분이 있고, 장모(長毛)가 있다. 복안은 머리앞쪽에서부터 2/3보다 약간 뒤쪽에 위치한다. 성충은 날개가 긴 것과 짧은 것이 있다.

◉ **생태**
수초가 많은 저수지, 논의 수로, 논의 수변부에 서식한다. 4월에서 11월까지 활동하며, 등화(燈火)에 날아오기도 한다. 작은 곤충을 포식한다. 수면 위를 질주할 수 있다.

◉ **분포**
한국, 일본, 중국, 대만

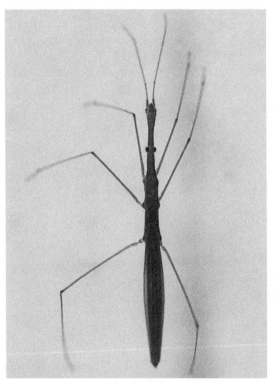

사진 190-1. 실소금쟁이 성충(♂)

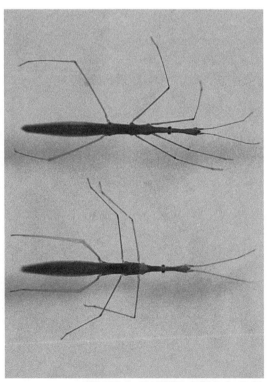

사진 190-2. 실소금쟁이 성충(상:♂, 하:♀)

절지동물문〉곤충강〉노린재목〉실소금쟁이과
ARTHROPODA〉Insecta〉Hemiptera〉Hydrometridae

◉ **특징**
성충의 체장은 9.5㎜내외이다. 체형은 가늘고 길다.
체색은 흑갈색과 담색이 많다. 수컷의 제7배마디에
장모(長毛)가 전혀 없으며, 뒤쪽을 향한 갈고리 모양
의 한 쌍의 돌기가 있다. 복안은 머리앞쪽에서부터
2/3보다 조금 전방에 위치한다.

◉ **생태**
수초가 많은 저수지, 논의 수로, 논의 수변부에 서식
한다. 실소금쟁이와 같이 서식한다.

◉ **분포**
한국, 일본

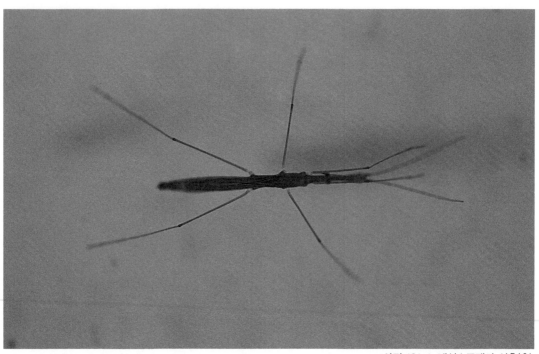

사진 191-1. 애실소금쟁이 성충(우)

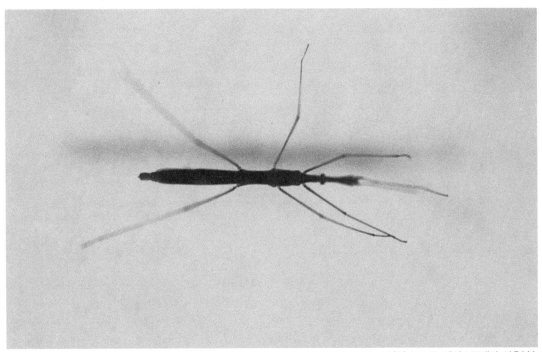

사진 191-2. 애실소금쟁이 성충(♂)

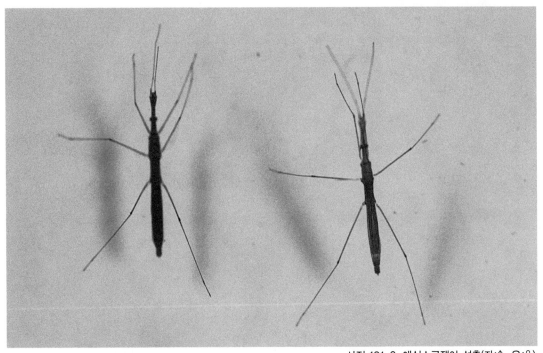

사진 191-3. 애실소금쟁이 성충(좌:♂, 우:♀)

## 192. 소금쟁이 *Aquarius paludum* (Fabricius)

절지동물문〉곤충강〉노린재목〉소금쟁이과
ARTHROPODA〉Insecta〉Hemiptera〉Gerridae

◉ 특징

성충의 체장은 15mm내외이고, 애소금쟁이보다 가늘고 길다. 체색은 흑갈색 또는 갈색을 띠며, 은빛 털이 밀생한다. 머리에는 V자 모양의 갈색무늬가 있다. 더듬이는 가늘고 매우 짧아서 몸길이의 절반 이하이다. 생식절의 정 중앙선은 상당히 솟아 있다. 앞날개는 긴 것(장시형)과 짧은 것(단시형) 모두가 나타난다.

◉ 생태

하천, 저수지, 논의 수로, 물웅덩이, 논 등에 서식하지만, 특히 하천에서 많이 서식한다. 성충과 유충 모두 물의 표면장력을 이용하여 긴 다리로 수면에 떠서 활동하며, 수면에 떨어진 작은 곤충 등의 체액을 빨아 먹는다. 성충에는 날개가 있어서 장거리를 나라서 이동할 수 있다. 월동은 성충으로 한다.

◉ 분포

한국, 일본, 중국 러시아, 대만

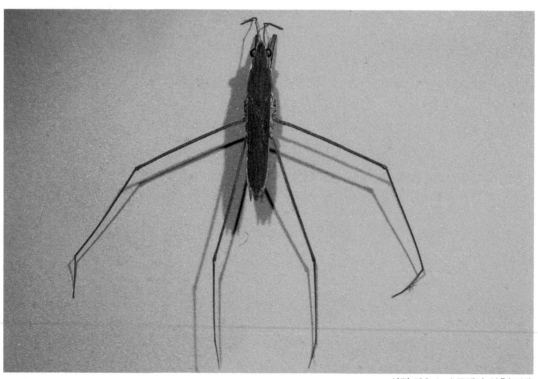

사진 192-1. 소금쟁이 성충(표본)

사진 192-2. 소금쟁이 성충(♂, 실물)

사진 192-3. 소금쟁이 성충(우, 실물)

## 193. 왕소금쟁이 *Aquarius elongatus* (Uhler)

절지동물문〉곤충강〉노린재목〉소금쟁이과
ARTHROPODA〉Insecta〉Hemiptera〉Gerridae

### ◉ 특징
성충의 체장은 26㎜내외이다. 체색은 흑색이 많고, 갈색도 있다. 몸은 백색의 부드러운 털로 덮여지나 노성한 개체는 금회색으로 변한다. 수컷의 더듬이는 몸길이의 약 반, 암컷에서는 몸길이의 반보다 짧다. 생식절의 정 중앙선은 상당히 솟아 있으며, 체장은 소금쟁이보다 훨씬 크고 몸통도 굵고 특히 몸통 옆의 은회색의 미모(微毛)로 된 테두리 무늬가 소금쟁이보다 넓다. 다른 소금쟁이는 수컷보다 암컷이 크지만, 본종은 수컷이 크다.

### ◉ 생태
주요 서식지는 곡간지의 하천이지만, 곡간답에서 하천물을 직접 연결하여 관개할 경우 논에 유입되는 경우가 있다. 4월경부터 월동한 성충이 활동을 시작한다. 수컷은 가운데 다리의 길이를 비교하여 다른 수컷과 경쟁하면서 세력권을 만들고, 다리로 수면파를 일으켜 암컷을 유인한다. 알은 수면에 떠있는 가지 등에 낳고, 약 2주정도 후에 부화한다. 유충과 성충 모두 수면에 떨어진 작은 곤충 등의 체액을 빨아먹는다.

### ◉ 분포
한국, 일본

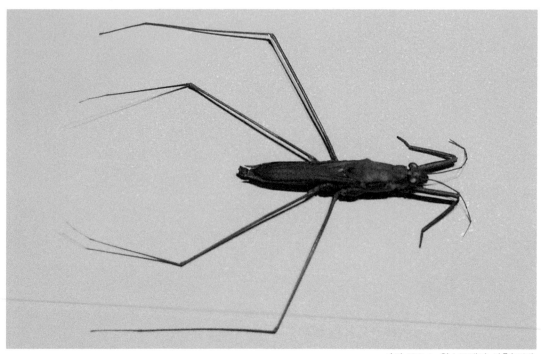

사진 193-1. 왕소금쟁이 성충(표본)

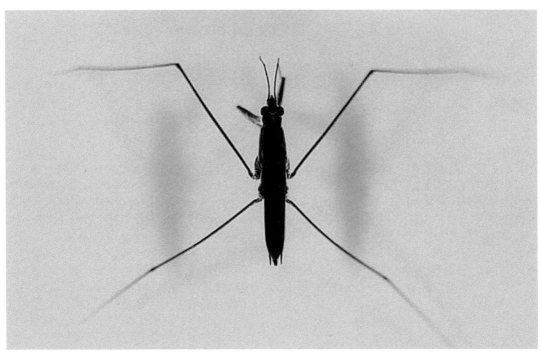

사진 193-2. 왕소금쟁이 성충(실물)

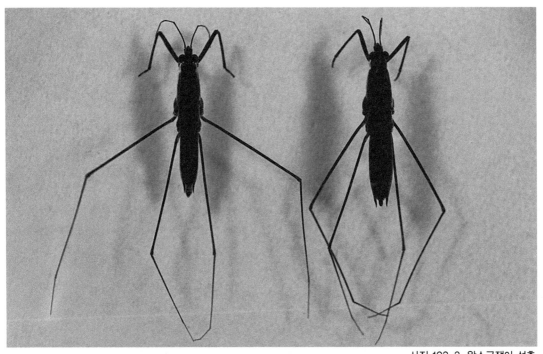

사진 193-3. 왕소금쟁이 성충

# 194. 애소금쟁이 *Gerris (Gerris) latiabdominis* (Miyamoto)

절지동물문〉곤충강〉노린재목〉소금쟁이과
ARTHROPODA〉Insecta〉Hemiptera〉Gerridae

## ◉ 특징
성충의 체장은 10mm내외이다. 체색은 흑갈색이다. 정수리의 기부에 황색을 띤 불명료한 V자 모양의 무늬가 있고, 더듬이의 밑쪽 2마디의 말단을 제외한 부분과 제3마디의 기부 반은 갈색이며, 다른 부분은 흑색이다. 더듬이는 제1마디가 가장 길고, 제2, 3마디를 합친 것보다 약간 짧다. 대부분이 복부보다 날개가 긴 장시형이지만, 간혹 단시형도 관찰된다.

## ◉ 생태
저수지, 하천, 수로 등의 물이 있는 곳이면 전국 어디서나 서식한다. 논에서 가장 잘 적응된 소금쟁이류로 가장 많이 서식하고 있으며, 논에서 볼 수 있는 것은 애소금쟁이라고 해도 거의 틀림이 없다. 월동한 성충은 3월 하순부터 활동을 시작하고, 봄부터 초여름에 걸쳐서 교미를 한다. 알은 수중의 수초 등의 표면에 낳고, 약 2주 후에 부화한다. 유충은 5회 정도 탈피를 반복하여 성충이 된다. 유충과 성충 모두 수면에 떨어진 작은 곤충 등의 체액을 빨아 먹는다. 겨울이 되면 수변의 식물이나 돌 밑에 들어가서 성충으로 월동한다. 서식지의 환경이 변하면 날아서 이동한다.

## ◉ 분포
한국, 일본

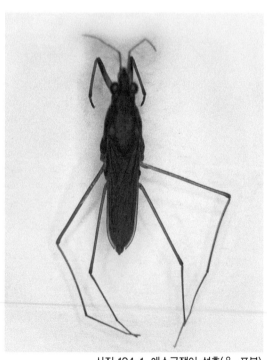

사진 194-1. 애소금쟁이 성충(우, 표본)

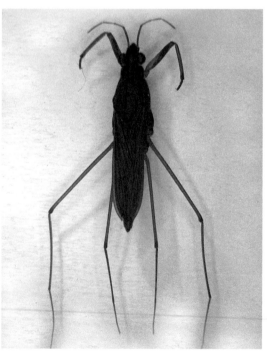

194-2. 애소금쟁이 성충(♂, 표본)

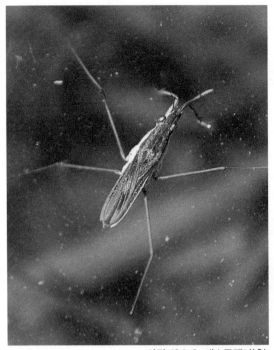

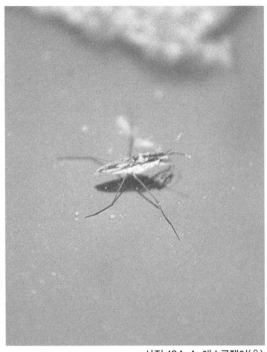

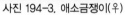
사진 194-3. 애소금쟁이(우)                    사진 194-4. 애소금쟁이(우)

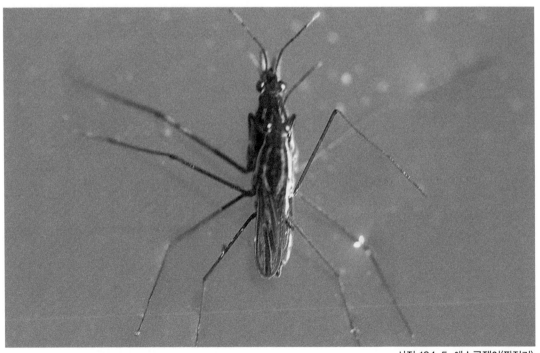
사진 194-5. 애소금쟁이(짝짓기)

절지동물문〉곤충강〉노린재목〉소금쟁이과
ARTHROPODA〉Insecta〉Hemiptera〉Gerridae

◉ **특징**
성충의 체장은 12~14㎜내외이다. 체색은 적갈색이다. 외형은 소금쟁이와 비슷하지만 조금 작고 등이 적갈색이라 구별된다. 아랫면은 은빛 잔털이 밀생한다. 머리는 더듬이의 기부에서 폭이 가장 넓고, 정수리 뒤쪽에 V자 모양의 갈색 무늬가 있다. 더듬이는 가늘고 짧아서 몸길이의 절반 정도이다. 제1마디는 2-3마디를 합한 길이보다 약간 짧다. 수컷의 배면 말단에는 한 쌍의 흑색 반점이 있다.

◉ **생태**
저수지, 하천, 수로, 온수로, 곡간지 논 등에 서식한다. 환경이 변하면 안정한 환경을 찾아서 날아서 이동한다. 수면 위에 떨어진 다른 곤충류의 체액을 빨아먹는다. 활동은 3월부터 11월까지 한다.

◉ **분포**
한국, 일본, 중국, 대만, 러시아

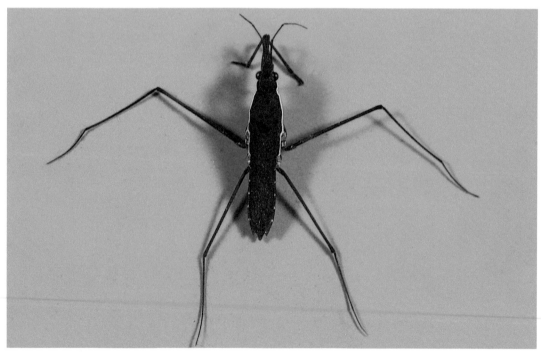

사진 195-1. 등빨간소금쟁이 성충(♂)

사진 195-2. 등빨간소금쟁이 성충(우)

사진 195-3. 등빨간소금쟁이(짝짓기)

절지동물문〉곤충강〉파리목〉각다귀과
ARTHROPODA〉Insecta〉Diptera〉Tipulidae

◉ 특징
유충의 체장은 10~55㎜내외이다. 성충의 체장은
15~45㎜내외이다. 국내 기록된 각다귀속으로는 황각
가귀(T. (Acutipula) bubo Alexander), 좀잠자리각
다귀(T. (Nippotipula) coquilletti Enderlein) 등 11
종이 있다.

◉ 생태
유충은 죽은 나무, 습한 토양, 하천, 논, 습지, 낙엽 등
이 쌓여 있는 계곡의 하천 등의 물 흐름이 적은 곳에
주로 서식한다. 여기에 소개된 것은 논이나 논내 수로
에서 채집된 것이다.

◉ 분포
한국, 일본

사진 196-1. *Tipula sp.* 유충(등면)

사진 196-2. *Tipula sp.* 유충(등면)

사진 196-3. *Tipula sp.* 성충(우)

사진 196-4. *Tipula sp.* 성충(♂)

## 197. 황나각다귀류 *Nephrotoma sp.*

절지동물문〉곤충강〉파리목〉각다귀과
ARTHROPODA〉Insecta〉Diptera〉Tipulidae

◉ **특징**
유충의 체장은 10mm내외이다. 국내 기록된 황나각다귀속으로는 황나각다귀(N. cornicina (Linne)), 쌍황나각다귀(N. bifusca Alexander) 등 11종이 있다.

◉ **생태**
주로 삼림의 습한 토양에 서식하지만, 여기에 소개된 것은 논에서 채집된 것이다.

◉ **분포**
한국, 일본

 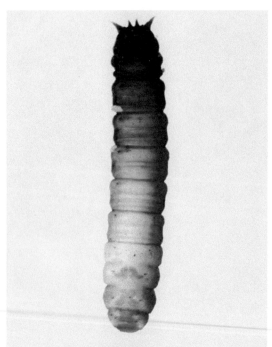

사진 197-1. *Nephrotoma sp.* 유충(등면)    사진 197-2. *Nephrotoma sp.* 유충(배면)

## 198. 애기각다귀류 *Limonia sp.*

절지동물문〉곤충강〉파리목〉각다귀과
ARTHROPODA〉Insecta〉Diptera〉Tipulidae

### ◉ 특징
유충의 호흡반은 5개이고 암색이다. 체형은 가늘고, 긴 원통형으로 Limonia sp. 이외의 종과 구별된다. 성충의 체장은 10㎜내외이다. 국내에는 기생각다귀(L. (Dicranomyia) immodestoides (Alexander)), 금강애기각다귀(L. (Dicranomyia) kongosana (Alexander)), 배애기각다귀(L. (Dicranomyia) mesosternata (Alexander)) 등 11종이 기록되어있다.

### ◉ 생태
주요 서식지는 삼림의 습한 토양이지만, 여기에 소개된 것은 논에서 채집된 것이다.

### ◉ 분포
한국, 일본

사진 198-1. *Limonia sp.* 유충

사진 198-2. *Limonia sp.* 성충(등면)

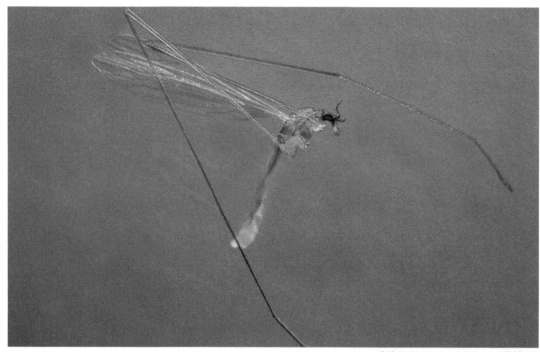

사진 198-3. *Limonia sp.* 성충(측면)

사진 198-4. *Limonia sp.* 성충(등면)

## 199. 한국얼룩날개모기 *Anopheles (Anopheles) koreicus* (Yamada et Watanabe)

절지동물문〉곤충강〉파리목〉모기과
ARTHROPODA〉Insecta〉Diptera〉Culicidae

◉ **특징**
성충의 체장은 3.0~5.5㎜내외이다. 몸, 더듬이는 어두운 갈색이고, 가슴과 배에 흰색 얼룩무늬가 있다. 날개에 무늬가 있고, 뒷다리의 넓적다리절 중앙에 흰 띠가 없다. 작은 턱수염은 전부 흑색이다.

◉ **생태**
주요 서식지는 논, 저수지, 연못, 습지, 물웅덩이 등이다. 성충은 보통 200개 정도의 알을 산란한다. 유충기는 5~10일 내외이고, 번데기는 2~3이 정도면 우화한다.

◉ **분포**
한국, 일본, 중국

사진 199-1. 한국얼룩날개모기 유충

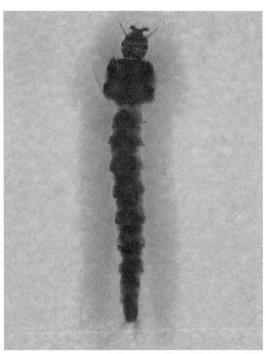

사진 199-2. 한국얼룩날개모기 유충

사진 199-3. 한국얼룩날개모기 번데기

사진 199-4. 한국얼룩날개모기 성충

# 200. 숲모기류 *Aedes sp.*

절지동물문〉곤충강〉파리목〉모기과
ARTHROPODA〉Insecta〉Diptera〉Culicidae

● **특징**
성충의 체장은 5~6㎜내외로 학질모기아과보다 큰 편이다. 가슴과 다리에 띠무늬가 있다. 모기과중 가장 많은 종을 가진 속으로 900여종에 달할 것으로 추측되고 있다. 국내에는 에조숲모기(Aedes (Aedes) esoensis Yamada), 흰뒷등숲모기 (Aedes (Aedimorphus) alboscutellatus (Theobald)) 등 18종이 보고되어 있다.

● **생태**
주요 서식지는 논, 저수지, 연못, 습지, 물웅덩이 등이다. 성충은 보통 70~90개 정도의 알을 산란한다. 유충기는 10일이상이고, 번데기는 2~3일 정도면 우화한다.

● **분포**
한국, 일본, 중국

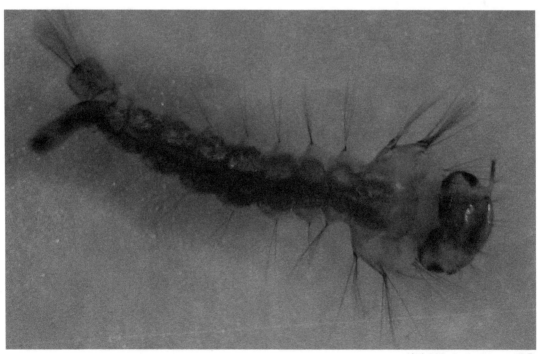

사진 200-1. *Aedes sp.* 유충

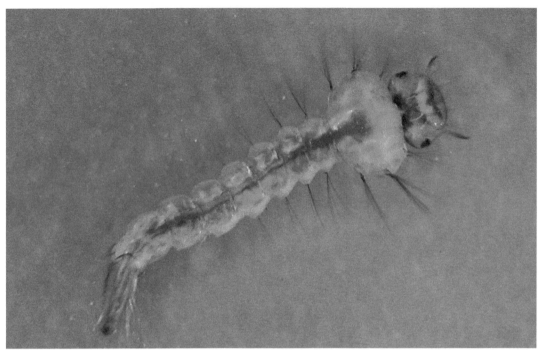

사진 200-2. *Aedes sp.* 유충

사진 200-4. *Aedes sp.* 성충(등면)

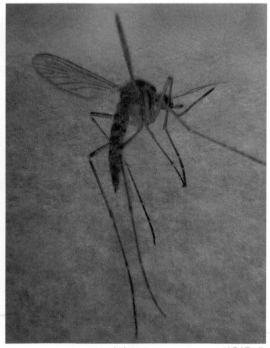

사진 200-5. *Aedes sp.* 성충(측면)

# 201. 집모기류 *Culex sp.*

절지동물문〉곤충강〉파리목〉모기과
ARTHROPODA〉Insecta〉Diptera〉Culicidae

◉ **특징**
유충의 체장은 5~10㎜내외이다. 성충의 체장은
4~5.5㎜내외이다. 날개에 무늬가 없다. 국내에는 이
나도미집모기(Culex (Barraudius) inatomii
Kamimura et Wada), 반점날개집모기(Culex
(Culex) bitaeniorhynchus Giles) 등 18종이 기록되
어 있다.

◉ **생태**
주요 서식지는 논, 저수지, 연못, 습지, 물웅덩이 등이
다. 유충기는 10일 정도이고, 번데기는 2일 정도면 우
화한다.

◉ **분포**
한국, 일본, 중국

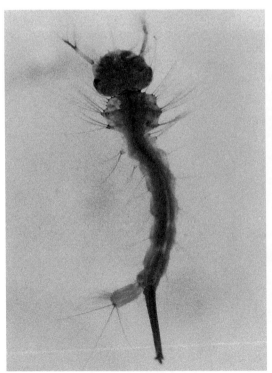

사진 201-1. *Culex sp.* 유충

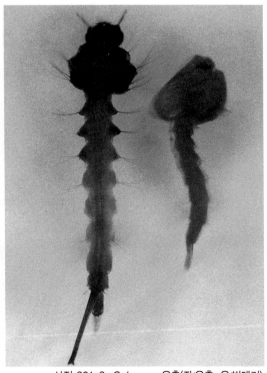

사진 201-2. *Culex sp.* 유충(좌:유충, 우:번데기)

# 202. 털모기류 *Chaoboridae gen. spp.*

절지동물문〉곤충강〉파리목
ARTHROPODA〉Insecta〉Diptera

◉ 특징
유충의 체장은 9~15㎜내외이다. 몸통이 투명하여 외형적으로 쉽게 구별된다. 성충의 체장은 4~9㎜내외이다. 외형은 깔다구와 비슷하지만 날개는 긴털로 덮여있고 더듬이의 장모(長毛)는 깔다구처럼 벌어지지 않고 뭉쳐있다.

◉ 생태
주요 서식지는 논, 저수지, 연못, 습지, 물웅덩이 등이다.

◉ 분포
한국, 일본

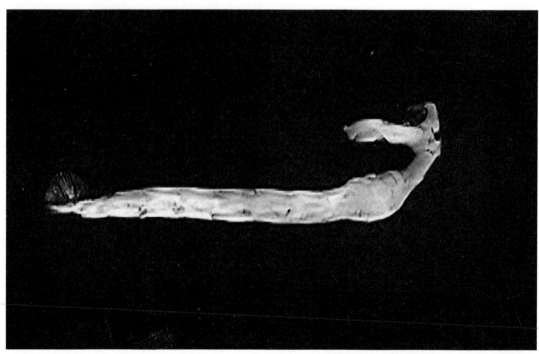

사진 202-1. *Chaoboridae gen. sp.* 유충(측면)

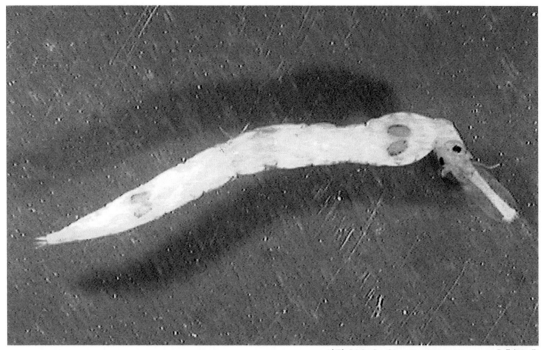

사진 202-2. *Chaoboridae gen. sp.* 유충(등면)

사진 202-3. *Chaoboridae gen. sp.* 성충(등면)

# 203. 별모기류 *Dixidae gen. sp.*

절지동물문〉곤충강〉파리목
ARTHROPODA〉Insecta〉Diptera

◉ **특징**
유충의 체장은 10mm내외이다. 체색은 암흑색을 띠며, 길고 큰 꼬리돌기가 있고 중앙에 나 있는 길고 큰 각 모의 장식은 검고 특이하여 구별이 쉽다. 국내에는 동양별모기(Dixa orientalis Peters)와 우리별모기(Dixella corensis Peters) 2종이 기록되어 있다.

◉ **생태**
서식지는 곡간지 담수 휴경논, 저수지, 연못, 습지, 물웅덩이 등이다.

◉ **분포**
한국, 일본

사진 186-1. *Dixidae gen. sp.* 유충

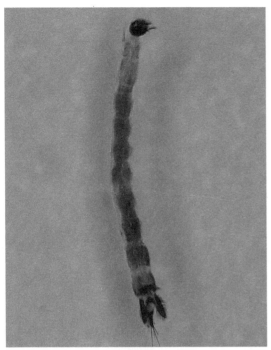

사진 203-2. *Dixidae gen. sp.* 유충

사진 203-3. *Dixidae gen. sp.* 유충

사진 203-4. *Dixidae gen. sp.* 유충

## 204. 등에모기류 *Ceratopogonidae gen. spp.*

절지동물문〉곤충강〉파리목
ARTHROPODA〉Insecta〉Diptera

◉ 특징
유충의 체장은 10~15mm내외이다. 체형은 헛발이 없는 원통형이다. 성충의 체장은 3~4mm내외이다. 국내에는 꼬마점등에모기(Culicoides (Avaritia) actoni Smith), 얼룩점등에모기(Culicoides (Avaritia) maculatus Shiraki) 등 총 31종이 기록되어 있다.

◉ 생태
서식지는 논, 저수지, 물웅덩이 등이다. 여기에 소개된 유충은 논에서 채집된 것이다.

◉ 분포
한국, 일본

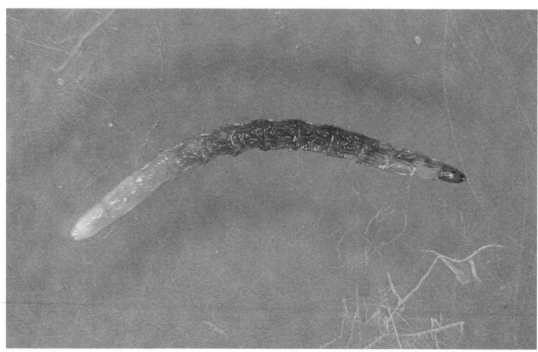

사진 204-1. *Ceratopogonidae gen. sp.* 유충(등면), 100%

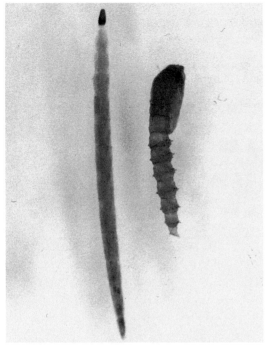

사진 204-2. *Ceratopogonidae gen. sp.* (좌:유충, 우:번데기)

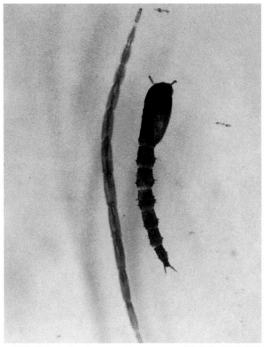

사진 204-3. *Ceratopogonidae gen. sp.* (좌:유충, 우:번데기)

사진 204-4. *Ceratopogonidae gen. sp.* 성충(등면)

사진 204-5. *Ceratopogonidae gen. sp.* 성충(측면)

# 205. 등깔다구 *Chironomus dorsalis* (Meigen)

절지동물문〉곤충강〉파리목〉깔다구과
ARTHROPODA〉Insecta〉Dipteria〉Chironomidae

◉ 특징
유충은 10번째 마디 옆돌기가 다른 종에 비해 길고 11
번째 마디의 두 번째 돌기는 일자형으로 그 끝이 굵
다. 체색은 짙은 선홍색이다. 성충은 모기와 비슷한
형태이지만, 구기(口器)가 퇴화하여 피를 빨거나 찌르
지 않는다.

◉ 생태
주로 부영양화가 심한 수로에 서식하지만, 논이나 저
수지, 물웅덩이 등에도 서식한다.

◉ 분포
한국, 일본

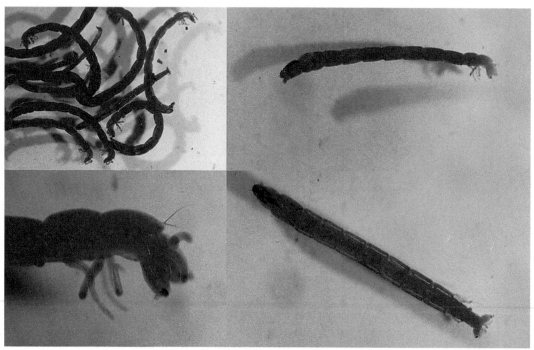

사진 205-1. 등깔다구 유충

## 206. 노랑털깔다구 *Chironomus flaviplumus (Tokunaga)*

절지동물문〉곤충강〉파리목〉깔다구과
ARTHROPODA〉Insecta〉Dipteria〉Chironomidae

### ◉ 특징
유충은 체구에 비해 머리가 작고, 앞쪽 헛다리도 짧아서 다른 종과 쉽게 구별된다. 11번째 마디의 두 번째 옆돌기가 끝으로 갈수록 좁아진다.

### ◉ 생태
서식지는 논, 저수지, 물웅덩이 등이다.

### ◉ 분포
한국, 일본

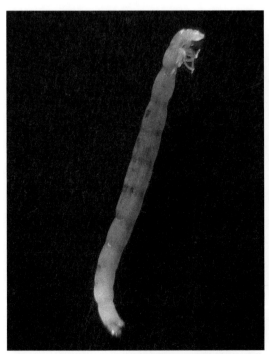

사진 206-1. 노랑털깔다구 유충

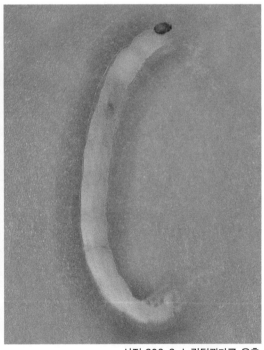

사진 206-2. 노랑털깔다구 유충

## 207. 장수깔다구 *Chironomus plumosus* (Tokunaga)

절지동물문〉곤충강〉파리목〉깔다구과
ARTHROPODA〉Insecta〉Dipteria〉Chironomidae

◉ **특징**
유충의 체장은 15~20mm내외이다. 체색은 선홍색을
띤다. 성충의 체장은 10mm내외로 다른 종에 비해 크
다. 한 쌍의 날개와 홀쭉한 다리를 가지며, 수귀의 촉
각은 깃모양이다. 수컷의 앞다리 환절에는 약간 긴 털
이 밀생한다. 암컷의 촉각은 6환절로 되어있다.

◉ **생태**
유충의 주요 서식지는 저수지의 진흙 바닥이지만, 논
이나 물웅덩이 등 수심이 얕은 물에도 서식한다. 우화
는 봄부터 가을에 걸쳐한다. 수컷은 흐린 날과 저녁에
무리를 지어 난다.

◉ **분포**
동남아시아를 제외한 유라시아대륙, 북아메리카, 북
아프리카

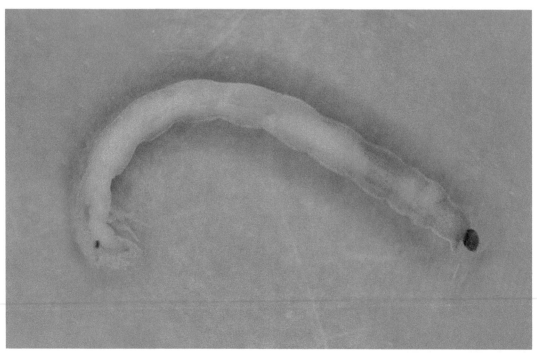

사진 207-1. 장수깔다구 유충

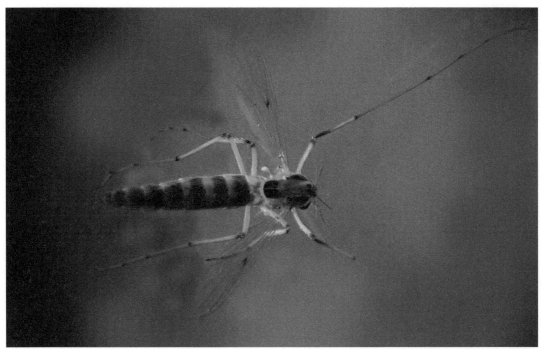

사진 207-2. 장수깔다구 성충(♀)

사진 207-3. 장수깔다구 성충(♂)

## 208. 목걸이알락깔다구 *Ablabesmyia monilis* (Linne)

절지동물문〉곤충강〉파리목〉깔다구과
ARTHROPODA〉Insecta〉Dipteria〉Chironomidae

◉ **특징**
유충의 체장은 5㎜내외이다. 체색은 반투명하며, 머리는 연노랑색이다.

◉ **생태**
유충의 서식지는 논, 저수지, 물웅덩이 등이다. 식성은 타종의 깔다구 유충을 먹는다.

◉ **분포**
한국, 일본

사진 208-1. 목걸이알락깔다구 유충(표본)

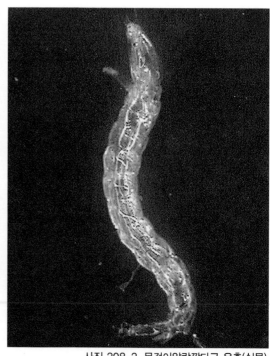

사진 208-2. 목걸이알락깔다구 유충(실물)

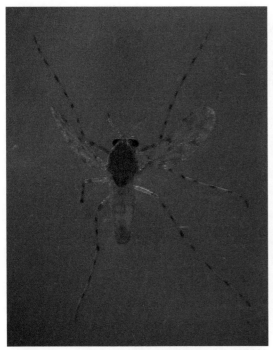

사진 208-3. 목걸이알락깔다구 성충(♀)          림 208-4. 목걸이알락깔다구 성충(♂)

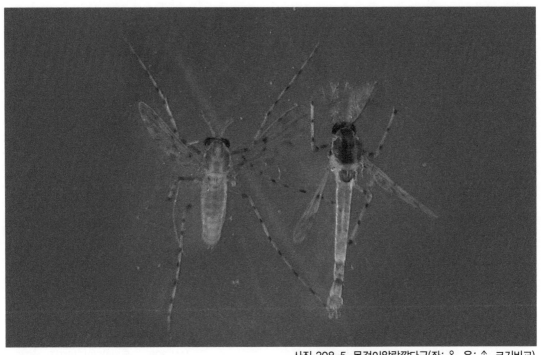

사진 208-5. 목걸이알락깔다구(좌: ♀, 우: ♂, 크기비교)

# 209. 깔다구류 *Chironomidae gen. spp.*

절지동물문〉곤충강〉파리목〉깔다구과
ARTHROPODA〉Insecta〉Diptera〉Chironomidae

### ◉ 특징
유충은 머리, 3마디로 된 가슴, 9마디로 된 배로 이루어진 가늘고 긴 원통형이다. 앞가슴에 1쌍의 헛다리가 있다. 번데기는 머리, 가슴, 배로 구분되며, 종에 따라서 가슴에 총채모양, 뿔모양, 곤봉모양 등의 호흡기관이 있다.

### ◉ 생태
유충은 논, 저수지, 물웅덩이 등에서 대부분 수중생활을 한다. 유충은 수질오염의 지표종으로서 담수어의 중요한 먹이가 된다.

### ◉ 분포
한국, 일본, 유럽, 북아메리카

사진 209-1. 두흰마디아기깔따구 성충(♂)

사진 209-2. 두흰마디아기깔따구 성충(♀)

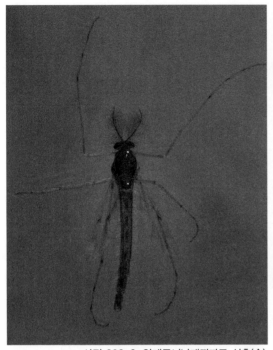

사진 209-3. 안개무늬날개깔따구 성충(♂)

사진 209-4. 안개무늬날개깔따구 성충(♀)

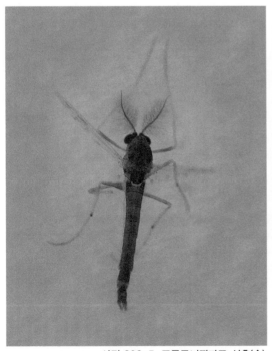

사진 209-5. 구름무늬깔따구 성충(♂)

사진 209-6. 세줄아기깔따구 성충(♀)

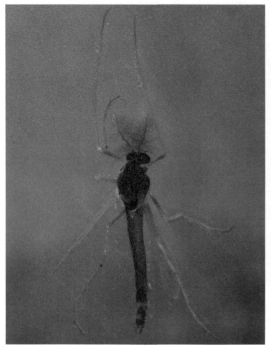

사진 209-7. 요시마쯔깔따구 성충(♂)

사진 209-8. 요시마쯔깔따구 유충

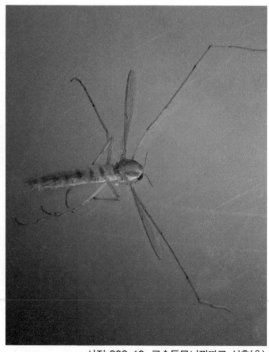

사진 209-9. 구슬등무늬깔따구 성충(♂)

사진 209-10. 구슬등무늬깔따구 성충(♀)

# 210. 민나방파리 *Psychoda alternata* (Say)

절지동물문〉곤충강〉파리목〉나방파리과
ARTHROPODA〉Insecta〉Dipteria〉Psychodidae

### ◉ 특징
유충의 체장은 8mm내외이다. 체색은 회백색을 띠며, 호흡관 앞마디붙 등판에 6개의 갈색무늬가 있다. 배 끝이 원추상으로 길어져 호흡관이 된다. 성충의 체장은 1.3~2mm내외이다. 체색은 회색으로 날개는 몸에 비해 크고, 날개 주변부에 5~6개의 검은 여울이 있다. 촉각은 15환절로 되어있고, 환절마다 성상(星狀)의 감각모가 있다.

### ◉ 생태
유충의 주요 서식지는 하수구이지만, 극히 부영양화된 하천물이 유입되거나 야외에 쌓아둔 퇴비가 빗물에 유실되어 유입되는 논에서 다수 채집된다. 암컷 한 마리는 약 30~100개의 알을 환상(環狀)으로 산란한다. 온도조건 20℃ 하에서 알기간은 32~48시간, 유충기간은 9~15일, 번데기기간은 20~48시간이다.

### ◉ 분포
한국을 포함한 세계각지

사진 210-1. 민나방파리(좌: 번데기, 우: 유충)

사진 210-2. 민나방파리 성충

사진 210-3. 민나방파리(좌:유충, 중:번데기, 우:성충, 크기비교)

사진 210-4. 민나방파리 유충(실물)

## 211. 여린황등에 *Tabanus kinoshitai* (Kono et Takahasi)

절지동물문〉곤충강〉파리목〉등에과
ARTHROPODA〉Insecta〉Dipteria〉Tabanidae

◉ **특징**
유충의 체장은 24㎜내외이다. 체색은 황색을 띠며, 특히 마디의 테두리 무늬들이 다른 종에 비해 뚜렷하다.

◉ **생태**
유충은 주로 수변의 진흙 속에서 서식하지만, 논에서도 채집되었다.

◉ **분포**
한국, 일본

사진 211-1. 여린황등에 유충(실물)

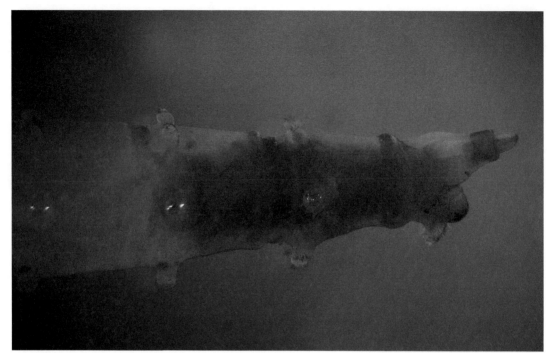

사진 211-2. 여린황등에 유충(측면확대)

사진 211-3. 여린황등에 유충(등면확대)

## 212. 재붙이등에 *Tabanus trigeminus* (Coquillett)

| 절지동물문〉곤충강〉파리목〉등에과
| ARTHROPODA〉Insecta〉Dipteria〉Tabanidae

● **특징**
유충의 체장은 36㎜내외이다. 체색은 담황색을 띠며,
몸통이 굵고 크다. 성충의 체장은 9~12㎜내외이다.
가슴은 암회색이고, 배는 흑색 바탕에 흰색의 가로줄
이 있다.

● **생태**
유충은 주로 논둑이나 수변의 진흙 속에서 서식하지
만, 논에서도 채집되었다. 성충은 6월 중순부터 9월
중순까지 발생한다.

● **분포**
한국, 일본

사진 212-1. 재붙이등에 유충(측면)

사진 212-2. 재붙이등에 유충(등면)

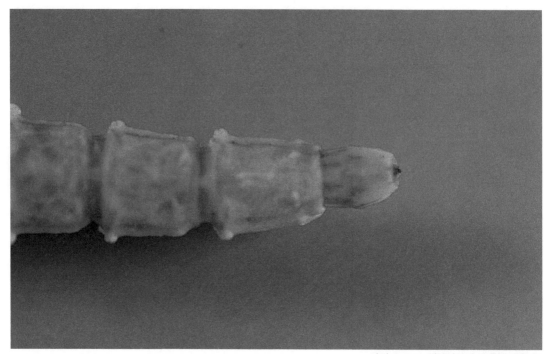

사진 212-3. 재붙이등에 유충(등면확대)

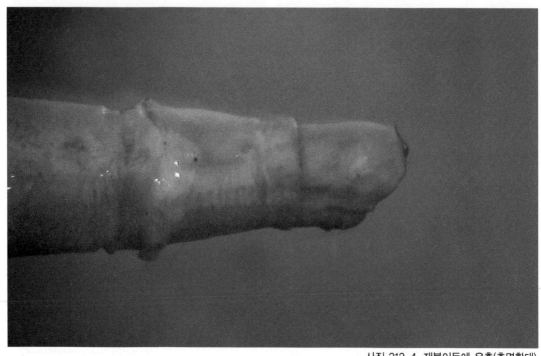

사진 212-4. 재붙이등에 유충(측면확대)

## 213. 대만재등에 *Tabanus taiwanus* (Hayakawa et Takahasi)

절지동물문〉곤충강〉파리목〉등에과
ARTHROPODA〉Insecta〉Dipteria〉Tabanidae

### ● 특징
유충의 체장은 26㎜내외이다. 말단 두 마디의 연모태가 뚜렷하고, 이어지는 점선도 확실하다. 성충의 체장은 14~18㎜내외이다. 체색은 전체적으로 흑색을 띤다. 더듬이는 황갈색이지만 4번째 마디가 검은색이다. 가슴등판은 검정 바탕에 중앙부에 황색 인분(鱗粉)으로 된 3개의 세로줄이 있다.

### ● 생태
유충은 일반적으로 수변의 진흙 속에서 주로 서식하지만, 논에서도 채집된다.

### ● 분포
한국, 일본, 중국, 몽고, 러시아, 대만, 시베리아

213-1. 대만재등에 유충

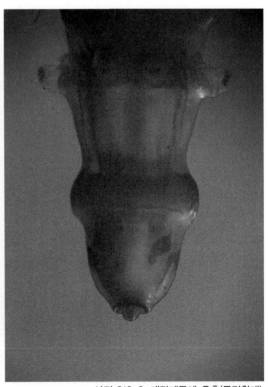

사진 213-2. 대만재등에 유충(등면확대)

# 214. 타카사고등에 *Tabanus takasagoensis* (Shiraki)

절지동물문〉곤충강〉파리목〉등에과
ARTHROPODA〉Insecta〉Dipteria〉Tabanidae

◉ 특징
유충의 체장은 17㎜내외이다. 첫마디의 연모태는 측면이 조금 폭이 넓다. 성충의 체장은 16~18㎜내외이다. 체색은 흑색이고, 암컷의 겹눈 사이는 회색을 띤다. 더듬이는 전체적으로 흑갈색이지만 제1마디는 회흑색이다. 가슴등판은 회흑색이며 뚜렷한 5개의 세로 줄무늬가 있다. 배는 검은색이며 3개의 줄무늬가 있다.

◉ 생태
유충은 일반적으로 수변의 진흙 속에서 주로 서식하지만, 논에서도 채집된다. 알, 애벌레, 번데기, 성충 시기를 모두 거친다. 성충은 5월에서부터 9월까지 출현한다.

◉ 분포
한국, 일본, 중국, 대만

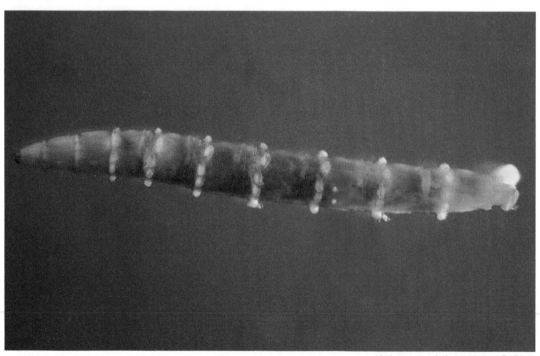

사진 214-1. 타가사고등에 유충(측면)

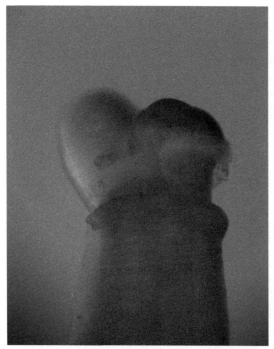

사진 214-2. 타가사고등에 유충(측면확대)

사진 214-3. 타가사고등에 유충(등면)

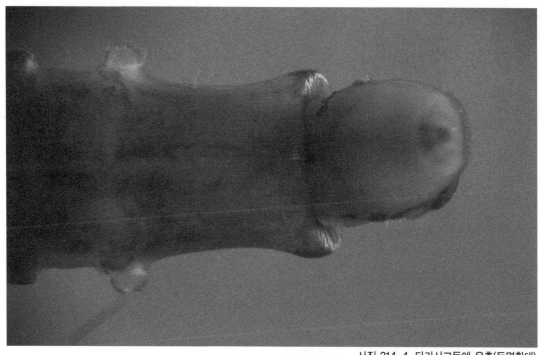

사진 214-4. 타가사고등에 유충(등면확대)

절지동물문〉곤충강〉파리목〉동애등에과
ARTHROPODA〉Insecta〉Dipteria〉Stratiomyidae

◉ 특징
유충의 체장은 27㎜내외이다. 등판에 두 번째 마디를 제외한 전체 마디에 중앙선의 굵은 줄무늬가 있으며, 선단에서 끝마디로 갈수록 좁아진다. 성충의 체장은 10~13㎜내외이다. 체색은 청색이다. 겹눈 사이의 중앙에 1쌍의 흑갈색 무늬가 있다. 가슴등면은 옆가장자리를 제외하고 흑색이며, 황금빛 미모가 성기게 나 있다. 배는 납작하고, 각 마디 앞가장자리에 검은 띠가 있고, 뒷가장자리는 물결무늬를 이루고 있다.

◉ 생태
유충은 주로 논, 저수지, 물웅덩이의 수면에 떠 있다. 여기에 소개된 것은 논에서 채집하여 실내 수족관에서 우화시켜 확인한 것이다. 유충은 꼬리 끝을 수면에 내어서 호흡한다. 성충은 주로 6월에서 7월까지 관찰된다.

◉ 분포
한국, 일본, 중국, 대만

사진 215-1. 범동애등에 유충

사진 215-2. 범동애등에 성충

## 216. 줄동애등에 Stratiomys japonica (van der Wulp)

절지동물문〉곤충강〉파리목〉동애등에과
ARTHROPODA〉Insecta〉Dipteria〉Stratiomyidae

### ◉ 특징
유충의 체장은 20mm내외이다. 등판의 전체 마디에 중앙선의 굵은 줄무늬와 함께 2개의 줄무늬가 있다. 선단(先端)에서 끝마디로 갈수록 좁아지며 10~12번째 마디는 가늘고 길며 원통형이다. 국내에는 줄동애등에(Stratiomys japonica (van der Wulp))가 보고되어 있다.
성충은 몸길이14-16mm내외이고, 양겹눈의뒷가장자리에1쌍의 황색가로무늬와 그위에 한쌍의검은색의 날일자 무늬가 있으며, 앞이마에도 1쌍의 둥근 황색무늬가 있다. 가슴등면의 중앙에희미한 회색을띤 2개의 세로띠가있으며, 수컷에는 없고, 황갈색털로덮여있다. 날개는 연한 적갈색을띠고 다리는 흑색이나 종아리마디기부와 발목마디는 황색이고제2,3마디 양옆의 무늬와

제3마디의 뒷가장자리 양쪽끝에가로무늬, 꼬리끝마디 중앙의 세로무늬, 암컷의 제4마디 앞가장자리 양끝의 작은무늬는 등황색을 띠고 배마디 2개의 등황색가로무늬는 복면엔 연결이되어있으나 등면에선 연결되지 않는다. 성충은 주로5-8월에 니타난다.

### ◉ 생태
유충은 주로 논 및 담수휴경논, 하천이용 농수로의 수면에 떠 있다. 여기에 소개된 것은 퇴비가 빗물에 유실되어 유입되는 논 및 수로에서 채집한 것이다.

### ◉ 분포
한국, 일본, 중국

사진 216-1. 줄동애등에 유충(표본)

사진 216-2. 줄동애등에 유충(실물)

사진 216-3. 줄동애등에 성충(식물 등면)

사진 216-4. 줄동애등에 유충(실물)

# 217. 꽃등에류 *Phytomia sp.*

절지동물문〉곤충강〉파리목〉꽃등에과
ARTHROPODA〉Insecta〉Diptera〉Syrphidae

◉ 특징
유충의 체장은 20mm내외이다. 체색은 회백색을 띠며,
긴 호흡관은 연노랑색이다.

◉ 생태
주로 극히 부영양화된 논 및 하천이용 농수로의 수면
에 떠 있다. 여기에 소개된 것은 퇴비가 빗물에 유실
되어 유입되는 논이나 수로에서 채집한 것이다.

◉ 분포
한국, 일본

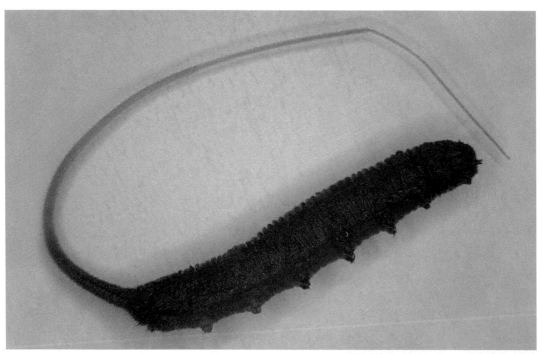

사진 217-1. *Phytomia sp.* 유충(측면, 표본)

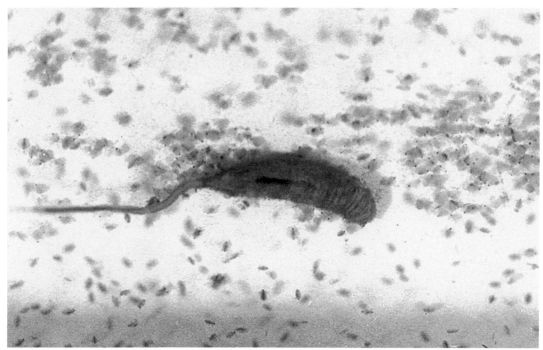

사진 217-2. *Phytomia sp.* 유충(등면, 실물)

사진 217-3. *Phytomia sp.* 번데기

# 218. 장다리파리류 *Dolichopodidae gen. spp.*

절지동물문〉곤충강〉파리목
ARTHROPODA〉Insecta〉Diptera

◉ **특징**
유충의 체장은 10mm내외이다. 체색은 흰색이다. 성충은 작고 금속성의 광택이 있으며, 체색은 청색을 띤다.

◉ **생태**
유충은 논에서 이앙을 위한 로타리 후에 물위에 떠다닌다.

◉ **분포**
한국, 일본

사진 218-1. *Dolichopodidae gen. sp.* 유충

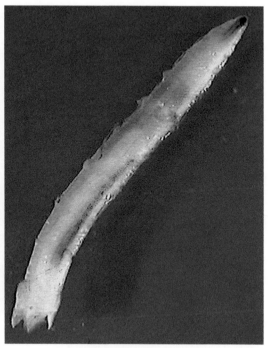

사진 218-2. *Dolichopodidae gen. sp.* 유충

사진 218-3. *Dolichopodidae gen. sp.* 성충(등면)

사진 218-4. *Dolichopodidae gen. sp.* 성충(측면)

# 219. 국내 미기록종 *Ephydra riparia* (Fallen)

절지동물문〉곤충강〉파리목〉물가파리과
ARTHROPODA〉Insecta〉Dipteria〉Ephydridae

⊙ **특징**
유충은 헛다리가 잘 발달되어 있다. 등면의 가시모는 잘 발달되어있지만 Brachydeutera sp. 속만큼 크지는 않다. 제4절의 등면에 팔자형 무늬가 뚜렷하여 다른 종과 구별이 된다.

⊙ **생태**
유충은 주로 염분이 있는 수중에 서식하므로, 간척지 논에서 주로 채집된다.

⊙ **분포**
한국, 일본

사진 219-1. *Ephydra riparia* 유충(측면)

사진 219-2. *Ephydra riparia* 유충(측면)

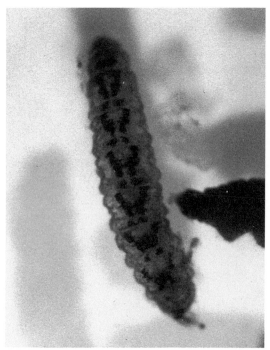

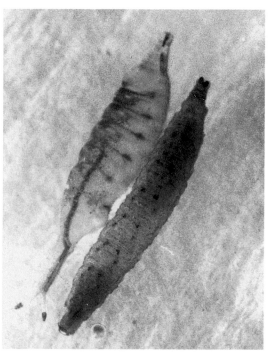

사진 219-3. *Ephydra riparia* 유충(등면)

사진 219-4. *Ephydra riparia* (좌:번데기측면, 우:유충등면)

사진 219-5. *Ephydra riparia* 성충

# 220. 물가파리류 *Ephydra spp.*

절지동물문〉곤충강〉파리목〉물가파리과
ARTHROPODA〉Insecta〉Diptera〉Ephydridae

◉ 특징
유충은 헛다리가 발달되어 있지 않으며, 등면의 가시
모도 없고 소형이라 다른 종과 구별된다. 국내에는 극
동물가파리(Ephydra japonica Miyagi) 1종만이 기
록되어 있다.

◉ 생태
전국적으로 분포하며, 주로 논에서 서식하는 종이다.

◉ 분포
한국, 일본

사진 220-1. *Ephydra sp.* 유충(등면)

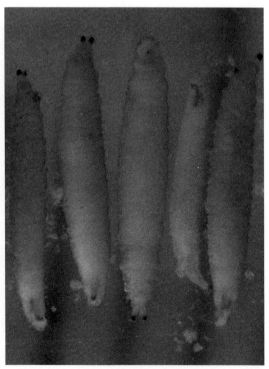

사진 220-2. *Ephydra spp.* 유충

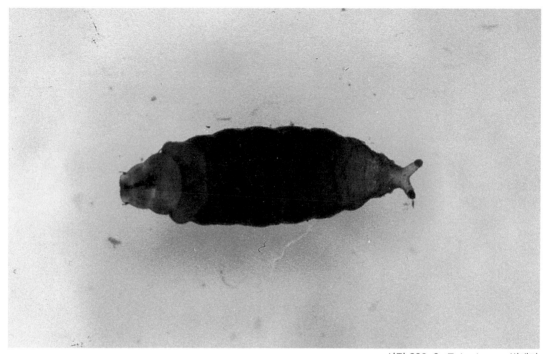

사진 220-3. *Ephydra sp.* 번데기

사진 220-4. *Ephydra sp.* (좌:유충, 중:유충, 우:번데기)

# 221. 국내 미기록종 *Brachydeutera spp.*

절지동물문〉곤충강〉파리목〉물가파리과
ARTHROPODA〉Insecta〉Diptera〉Ephydridae

◉ **특징**
유충은 헛다리가 발달되어 있지 않다. 등면의 가시모
와 기문의 3쌍의 가시모가 크게 발달되어 있다. 국내
보고된 종은 없는 상태이다.

◉ **생태**
전국적으로 분포하며, 주로 논에서 서식하는 종이다.

◉ **분포**
한국, 일본

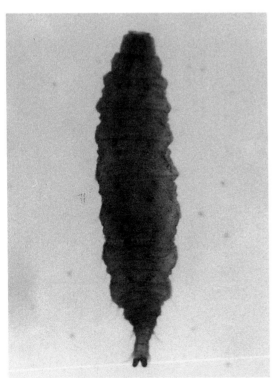

사진 221-1. *Brachydeutera sp.* 유충(등면)

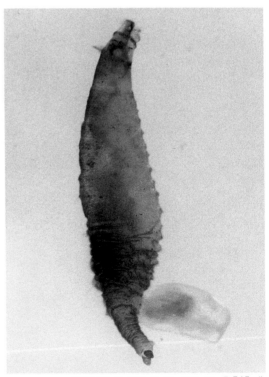

사진 221-2. *Brachydeutera sp.* 유충(측면)

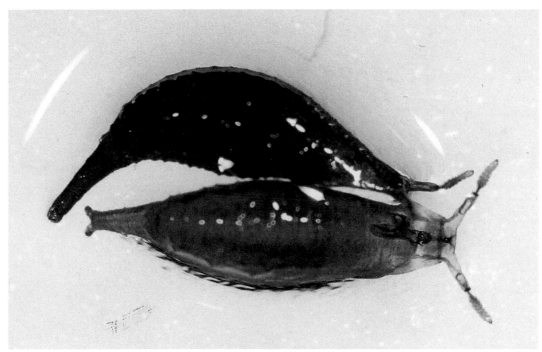

사진 221-3. *Brachydeutera sp.* 번데기(좌:측면, 우:등면)

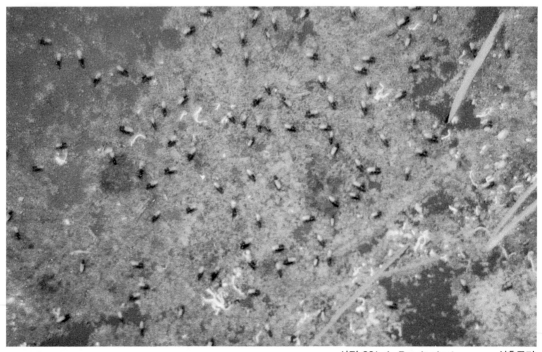

사진 221-4. *Brachydeutera spp.* 성충무리

## 222. 집파리류 *Muscidae gen. spp.*

절지동물문〉곤충강〉파리목
ARTHROPODA〉Insecta〉Dipteria

● **특징**
집파리과 성충의 체장은 7~8mm내외이다. 형태적 특
징은 입틀이 피를 빨기 위한 입으로 되어 가죽을 뚫을
수 있게 끝이 날카로운 것과, 말라붙은 먹이를 침으로
녹여 핥아먹을 수 있는 입으로 된 것이 있다. 가슴의
하측판강모가 없는 것과 있는 것이 있고, 날개측판 상
부에 털이 나 있다. 촉수는 곤봉 모양 또는 스푼 모양
이다. 집파리과에 속하는 유충이 수서생활하는 것으
로는 꽃파리아과와 물파리아과가 있다.

● **생태**
주로 논과 같이 물 흐름이 없는 저수지, 물웅덩이, 온
수로, 휴경지 등의 물이 얕은 곳에서 채집된다. 종령
유충으로 월동한다.

● **분포**
한국, 일본, 중국, 대만, 중국, 아시아남부, 인도네
시아

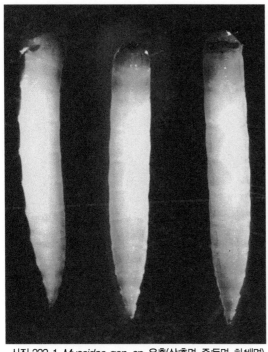

사진 222-1. *Muscidae gen. sp.* 유충(상:측면, 중:등면, 하:배면)

사진 222-2. *Muscidae gen. sp.* 유충(상:등면, 하:측면)

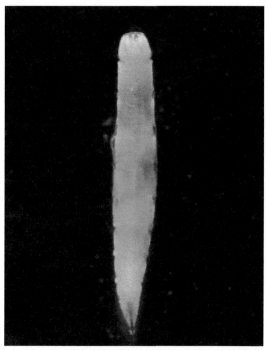

사진 222-3. *Muscidae gen. sp.* 유충(측면)

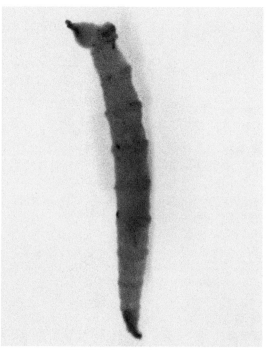

사진 222-4. *Muscidae gen. sp.* 유충(측면)

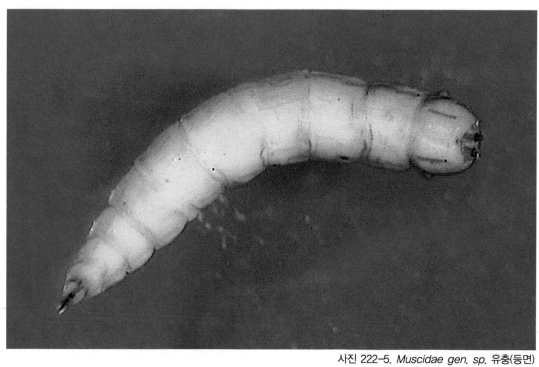

사진 222-5. *Muscidae gen. sp.* 유충(등면)

# 한글명으로 찾아보기

# 학명으로 찾아보기

# 참고문헌

1. Masuzo ueno.1986.日本 淡水生物學
2. 川合槇次,谷田一三共編.1985.日本産 水生昆蟲檢索圖說
3. 문교부편.1988.한국동식물도감(수서곤충류)
4. 농환연(1998). 水田生態系 における 生物多樣性, pp.127~129
5. Koji Yano (2002) 水田の 昆虫誌
6. 조복성. (1969) 한국동식물도감. 10권 동물편(곤충류Ⅱ).문교부편. pp.170-273
7. 윤일병. (1988) 한국동식물도감. 제30권 동물편(수서곤충류). 문교부편.pp.1-835
8. 尹一炳. (1995) 수서곤충검색도설. pp.1-198
9. Yoon, I.B. and K.J.Ahn. (1986) A Systematic study of Korean Dytiscidae I
   (Hydroporinae). Korea J. Entomo.16(2),pp.145-151.
10. Yoon, I. B. and K. J. Ahn. (1988) A Systematic study of Korean Dytiscidae Ⅱ
    (Laccophilinae). Korean J.Entomo.18(3), pp.191-195.
11. Yoon, I. B. and K. J. Ahn. (1988) A Systematic study of Korean Dytiscidae Ⅲ
    (colymbetinae and Dytiscinae) .Korean J. Entomo. 18(4),pp.251-268
12. 森本槿.林長閑. (1986) 原色日本 甲虫図鑑Ⅰ. 16. plate5-8
13. 上野俊一.黑澤良彦.佐藤正孝. (1985) 原色日本 甲虫図鑑Ⅱ. pp.180-217
14. 杉村光俊.石田昇三.小島圭三.石田勝義.青木典司.(1999)原色日本ドんボ幼虫.成蟲大.図鑑.
    pp.405-471
15. 石田勝義. (1996) 日本産 ドんボ目 幼虫檢索圖 說.pp.3-143
16. 加納六郎. 蓧永哲. (1997) 日本 有害節足動物.pp.90-129
17. 宇根豊.日鷹一雅.赤松富仁. (1989) 田の 虫図鑑. pp.52-72
18. 谷田一三. 2000. 原色川虫圖鑑.pp.10-203
19. 氣賀澤和男. (1989) 土壤害虫 原色図鑑.pp.148-201
20. 山口進.山口就平.青木俊明. (1982) 世界の 昆蟲大白科.118.pp.262-309
21. 今森光彦. (2000) 水辺の 昆虫. pp.161-280
22. 津田松苗. (1962) 水生昆蟲學.pp.6-212
23. 素木得一. (1981) 昆蟲の 分類. pp.770-779
24. 川合槇次,谷田一三共編.(2005)日本産 水生昆蟲
25. 志村隆.(2005)日本産幼虫図鑑

# 논 생태계 수서무척추 동물 도감

1판 1쇄 인쇄  2019년 04월 10일
1판 1쇄 발행  2019년 04월 20일
저     자  농촌진흥청
발 행 인  이범만
발 행 처  **21세기사** (제406-00015호)
　　　　　경기도 파주시 산남로 72-16 (10882)
　　　　　Tel. 031-942-7861      Fax. 031-942-7864
　　　　　E-mall : 21cbook@naver.com
　　　　　Home-page : www.21cbook.co.kr
　　　　　ISBN 978-89-8468-832-2

**정가 30,000원**